DOSSIERS MATHEMATIQUES 5

Déterminants et systèmes linéaires

Dany-Jack Mercier

Editeur : CreateSpace Independent Publishing Platform
ISBN-13 : 978-1494248826
ISBN-10 : 1494248824

© 2013 Dany-Jack Mercier. Tous droits réservés.

Table des matières

1 Applications multilinéaires   **7**
    1.1 Définitions 7
    1.2 Symétrie, antisymétrie, alternance 8

2 Déterminants   **13**
    2.1 Déterminant d'un système de vecteurs 13
    2.2 Déterminant d'une matrice 16
    2.3 Déterminant d'un endomorphisme 18
    2.4 Propriétés du déterminant 19
    2.5 Calculs pratiques 24
        2.5.1 Calcul d'un déterminant d'ordre 2 ou 3 24
        2.5.2 Développement suivant une ligne ou une colonne 26
        2.5.3 Déterminant d'une matrice triangulaire 29
        2.5.4 Déterminant d'une matrice triangulaire par blocs 31
    2.6 Applications 35
        2.6.1 Calcul de l'inverse d'une matrice 35
        2.6.2 Calcul du rang d'une matrice 36
        2.6.3 Orientation d'un espace vectoriel de dimension finie . . 41
        2.6.4 Résultants et discriminants 47

3 Systèmes linéaires   **57**
    3.1 Etude des systèmes linéaires 57
        3.1.1 Positionnement du problème 57
        3.1.2 Structure des solutions 58
        3.1.3 Systèmes de Cramer 59
        3.1.4 Conditions de compatibilité 59
        3.1.5 Théorème de Rouché-Fontené 60
    3.2 Méthode du pivot de Gauss 63
        3.2.1 Opérations élémentaires sur les lignes 63
        3.2.2 Description de la méthode 63

   3.2.3 Utilité 66
 3.3 Opérations élémentaires 69
   3.3.1 Le langage des matrices 69
   3.3.2 Applications 73
   3.3.3 Calcul de rangs 73
   3.3.4 Déterminants de Vandermonde 74
   3.3.5 Système linéaire : pivot de Gauss 76
   3.3.6 Calcul d'inverses de matrices 78
   3.3.7 Pivot de Jordan et conséquences 80

4 Matrices à coefficients dans un anneau 83
 4.1 Introduction et théorème de la dimension 83
 4.2 Déterminants 85
 4.3 Polynôme caractéristique d'un endomorphisme 86
 4.4 Théorème de Cayley-Hamilton. 88

5 Exercices choisis 91
 5.1 Polynômes d'interpolation de Lagrange 92
 5.2 Produit mixte 93
 5.3 Application à la géométrie 94
 5.4 Calculs astucieux 97
 5.5 Déterminant circulant 101
 5.6 Déterminant de Cauchy 107

Introduction

Ce cours met à disposition une introduction rigoureuse et complète des déterminants et des systèmes linéaires, présentée avec de nombreuses applications directes bien utiles et bien jolies. Ces données, rassemblées dans le même espace, permettent d'économiser du temps pour travailler ou retravailler ces notions dans l'optique d'acquérir une culture mathématique solide.

Parmi les applications proposées, on trouvera l'orientation d'un espace vectoriel, les notions de résultants et de discriminants, le Théorème de Rouché-Fontené avec une preuve détaillée, la méthode du pivot de Gauss et celle du pivot de Jordan.

Les déterminants jouent un rôle important dans la définition du polynôme caractéristique d'un endomorphisme, ce dont nous reparlerons en proposant aussi une démonstration astucieuse du Théorème de Cayley-Hamilton. Parmi les autres applications traitées, on trouvera les polynômes d'interpolation de Lagrange, le produit mixte, des applications à la géométrie comme la CNS pour que trois droites soient parallèles ou concourantes, sans oublier le déterminant circulant et le déterminant de Cauchy.

Ce livre s'insère dans une série de 5 lectures sur l'algèbre linéaire publiées dans le cadre de la collection des DOSSIERS MATHEMATIQUES, et le lecteur désireux de réviser l'ensemble des fondamentaux d'algèbre linéaire pourra s'intéresser aux volumes de la collection dans le « bon ordre » suivant :

1) Introduction à l'algèbre linéaire (DM n°004).
2) Matrices.
3) Dualité en algèbre linéaire (DM n°002).
4) Déterminants et systèmes linéaires (DM n°005).
5) Réduction d'endomorphismes.

Prérequis pour ce volume :

- Savoirs de base en algèbre linéaire : espace vectoriel de dimension fini, applications linéaires, matrices, matrices d'applications linéaires...

- Groupe des permutations d'un ensemble fini. Si $n \in \mathbb{N}^*$, le groupe symétrique $\mathfrak{S}_n$ est par définition le groupe des permutations de l'ensemble $[\![1, n]\!] = \{1, ..., n\}$, c'est-à-dire le groupe des bijections de l'ensemble $[\![1, n]\!]$ dans lui-même. Signature d'une permutation.

- Suivant les applications proposées, d'autres prérequis seront utiles à certains moments de l'exposé.

N'hésitez pas à faire remonter l'information et à m'écrire pour me faire part de vos réactions, et, pourquoi pas, de vos idées d'ajouts d'autres applications dans ce livre pour une future édition. Mes coordonnées figurent dans les dernières pages du livre.

Prenez beaucoup de plaisir à lire cet ouvrage, au moins autant que le plaisir que j'ai eu à le construire.

Dany-Jack Mercier
Pointe-à-Pitre, le 22 novembre 2013

Photographie de la couverture : intérieur de la villa Rothschild à Saint-Jean-Cap-Ferrat, à quelques kilomètres de Nice, photographié par l'auteur en août 2000.

Chapitre 1

Applications multilinéaires

Dans ce livre, K désigne un corps commutatif et tous les espaces vectoriels considérés sont définis avec ce corps K pour corps des scalaires. Dans la pratique $K = \mathbb{R}$ ou $\mathbb{C}$.

Si n et m sont des entiers relatifs tels que $n \leq m$, la notation $[\![n,m]\!]$ indique l'ensemble formé par tous les entiers relatifs compris entre n et m. Ainsi $[\![n,m]\!] = \{n, ..., m\} = [n,m] \cap \mathbb{Z}$ est l'intervalle d'extrémités n et m dans $\mathbb{Z}$.

Si $n \in \mathbb{N}^*$, on note $\mathfrak{S}_n$ Le groupe symétrique d'ordre n, c'est-à-dire le groupe des permutations de l'ensemble $[\![1,n]\!]$.

Dans tout ce chapitre E_1, ..., E_p et F désignent des espaces vectoriels sur K.

1.1 Définitions

Dans la définition suivante, un chapeau au-dessus d'un symbole signifie que ce symbole a été supprimé :

Définition 1 *Une application :*

$$f: E_1 \times ... \times E_p \to F$$
$$(x_1, ..., x_p) \mapsto f(x_1, ..., x_p)$$

*est p-**linéaire** si elle est linéaire en chacune des variables. Cela signifie que pour tout $i \in [\![1,p]\!]$, et pour tout $(x_1, ..., \widehat{x_i}, ..., x_p) \in E_1 \times ... \times \widehat{E_i} \times ... \times E_p$, l'application :*

$$f_i: E_i \to F$$
$$z \mapsto f(x_1, ..., x_{i-1}, z, x_{i+1}, ..., x_p)$$

*est linéaire. On dit aussi que f est une **application multilinéaire** de l'espace $E_1 \times ... \times E_p$ dans F. Si $p = 2$ ou 3, on dit que f est une application **bilinéaire*** ou **trilinéaire**. Une application p-linéaire à valeurs dans K est appelée **forme p-linéaire**.

La linéarité de f_i impose d'avoir $f(x_1, ..., x_{i-1}, 0, x_{i+1}, ..., x_p) = 0$, et en particulier f transforme le vecteur nul $(0, ..., 0)$ de $E_1 \times ... \times E_p$ en le vecteur nul de F. Mais attention, f ne sera jamais une application linéaire, sauf si c'est l'application nulle. En effet, tout vecteur $x = (x_1, ..., x_p)$ de $E_1 \times ... \times E_p$ s'écrit $x = X_1 + ... + X_p$ où $X_i = (0, ..., 0, x_i, ..., 0)$, ce qui entraîne :

$$f(x) = f(X_1) + ... + f(X_p) = 0$$

pour tout x, puisque l'une au moins des coordonnées de chaque X_i est nulle, et montre que f est égale à l'application nulle.

Définition 2 *L'ensemble des applications p-linéaires de $E_1 \times ... \times E_p$ dans F est noté $\mathcal{L}_p(E_1, ..., E_p; F)$.*

On vérifie facilement que :

Théorème 1 *$\mathcal{L}_p(E_1, ..., E_p; F)$ est un sous-espace vectoriel de l'espace vectoriel $F^{E_1 \times ... \times E_p}$ des applications de $E_1 \times ... \times E_p$ dans F.*

Définition 3 *Si E et F sont des espaces vectoriels sur K, et si $p \in \mathbb{N}^*$, on appelle **application p-linéaire de** E vers F toute application p-linéaire de $E^p = E \times ... \times E$ dans F. Si $F = K$, on parle de **formes p-linéaires sur** E. On note plus simplement $\mathcal{L}_p(E; F) = \mathcal{L}_p(E, ..., E; F)$, l'on désigne par $\mathcal{L}_p(E)$ l'espace des formes p-linéaires sur E. Ainsi :*
$$\mathcal{L}_p(E) = \mathcal{L}_p(E; K) = \mathcal{L}_p(E, ..., E; K).$$

1.2 Symétrie, antisymétrie, alternance

Définition 4 *Une application p-linéaire f de E dans F est dite :*
*- **symétrique** si quel que soit $(i, j) \in [\![1, p]\!]^2$, $i \neq j$, et quel que soit $(x_1, ..., x_p)$ appartenant à E^p, la valeur de $f(x_1, ..., x_p)$ reste la même quand on échange les vecteurs x_i et x_j, soit :*
$$\forall i, j \in [\![1, p]\!] \quad i < j \quad f(..., x_i, ..., x_j, ...) = f(..., x_j, ..., x_i, ...).$$

*- **antisymétrique** si quel que soit $(i, j) \in [\![1, p]\!]^2$, $i \neq j$, et quel que soit $(x_1, ..., x_p)$ appartenant à E^p, la valeur de $f(x_1, ..., x_p)$ est changée en son opposée quand on échange les vecteurs x_i et x_j, soit :*
$$\forall i, j \in [\![1, p]\!] \quad i < j \quad f(..., x_i, ..., x_j, ...) = -f(..., x_j, ..., x_i, ...).$$

*- **alternée** si $f(x_1, ..., x_p) = 0$ dès que $x = (x_1, ..., x_p)$ possède deux coordonnées égales.*

1.2. SYMÉTRIE, ANTISYMÉTRIE, ALTERNANCE

Théorème 2 *Soit $f \in \mathcal{L}_p(E; F)$. Si K est de caractéristique différente de 2, alors f est antisymétrique si et seulement si elle est alternée.*

Preuve — [Alternée $\Rightarrow$ Antisymétrique] Si f est alternée, pour tout (i, j) dans $[\![1, p]\!]^2$ avec $i \neq j$, et pour tout vecteur $x = (x_1, ..., x_p)$ de E^p :

$$f(..., x_i + x_j, ..., x_i + x_j, ...) = 0. \quad (*)$$

Ecrivons astucieusement $g(x_i, x_j) = f(..., x_i, ..., x_j, ...)$, les points de suspension représentant des coordonnées de $x = (x_1, ..., x_p)$ qui seront fixées tout au long du raisonnement. Avec cette convention, $(*)$ s'écrit :

$$g(x_i + x_j, x_i + x_j) = 0$$

et entraîne, par bilinéarité :

$$g(x_i, x_i) + g(x_i, x_j) + g(x_j, x_i) + g(x_j, x_j) = 0.$$

Comme f est alternée, on a encore $g(x_i, x_i) = g(x_j, x_j) = 0$ et l'on obtient $g(x_i, x_j) + g(x_j, x_i) = 0$ soit $g(x_i, x_j) = -g(x_j, x_i)$. Cela montre que f est antisymétrique. On remarque que l'implication que l'on vient de démontrer reste vraie sans aucune condition sur la caractéristique de K.

[Antisymétrique $\Rightarrow$ Alternée] Si f est antisymétrique, pour tout (i, j) dans $[\![1, p]\!]^2$ avec $i < j$, et pour tout vecteur $x = (x_1, ..., x_p)$ de E^p :

$$f(..., x_i, ..., x_j, ...) = -f(..., x_j, ..., x_i, ...).$$

Si l'on choisit deux vecteurs x_i et x_j égaux à x, on obtient :

$$f(..., x, ..., x, ...) = -f(..., x, ..., x, ...)$$

soit $2f(..., x, ..., x, ...) = 0$, ce qui entraîne $f(..., x, ..., x, ...) = 0$ puisque K n'est pas de caractéristique 2, et prouve que f est alternée. ∎

On sait que le groupe symétrique $\mathfrak{S}_p$ d'ordre p, qui n'est autre que le groupe des permutations de $[\![1, p]\!] = \{1, ..., p\}$, est engendré par les transpositions. Cela signifie que n'importe quelle permutation $\sigma \in \mathfrak{S}_p$ s'écrit comme le produit (la composée) $\sigma = \tau_1 \circ \tau_2 \circ ... \circ \tau_k$ d'un certain nombre de transpositions.

Si $f \in \mathcal{L}_p(E; F)$, définissons l'application $\sigma(f)$ de E^p dans F en posant :

$$\forall x = (x_1, ..., x_p) \in E^p \quad \sigma(f)(x_1, ..., x_p) = f(x_{\sigma(1)}, ..., x_{\sigma(p)}).$$

La nouvelle application $\sigma(f)$ est évidemment p-linéaire, et il est facile de voir que l'application :

$$\begin{aligned} \mathfrak{S}_p \times \mathcal{L}_p(E;F) &\to \mathcal{L}_p(E;F) \\ (\sigma, f) &\mapsto \sigma(f) \end{aligned}$$

définit une action du groupe $(\mathfrak{S}_p, \circ)$ sur $\mathcal{L}_p(E;F)$. Cela signifie que :

$$\begin{cases} \forall \sigma, \rho \in \mathfrak{S}_p \quad \forall f \in \mathcal{L}_p(E;F) \quad (\sigma\rho)(f) = \sigma(\rho(f)) \\ \forall f \in \mathcal{L}_p(E;F) \quad Id(f) = f \end{cases}$$

où $\sigma\rho$ désigne la composée $\sigma \circ \rho$ et où Id représente l'application identique de $[\![1,p]\!]$. Avec ces notations :

Théorème 3 *Soit $f \in \mathcal{L}_p(E;F)$.*
1) f est symétrique si et seulement si $\sigma(f) = f$ pour tout $\sigma \in \mathfrak{S}_p$.
2) f est antisymétrique si et seulement si $\sigma(f) = \varepsilon(\sigma) f$ pour tout $\sigma \in \mathfrak{S}_p$, où $\varepsilon(\sigma)$ désigne la signature de σ.

Preuve — 1) La condition est suffisante comme on le voit en écrivant $\sigma(f) = f$ avec une transposition σ quelconque. Montrons qu'elle est nécessaire. Si f est symétrique et si $\sigma \in \mathfrak{S}_p$, il existe $m \in \mathbb{N}$ et des transpositions τ_i ($1 \leq i \leq m$) telles que $\sigma = \tau_1 \circ \tau_2 \circ \ldots \circ \tau_m$, et il s'agit de démontrer que $\sigma(f) = f$. Tout revient donc à montrer que la propriété :

$$\forall k \in [\![1,m]\!] \quad (\tau_1 \circ \tau_2 \circ \ldots \circ \tau_k)(f) = f$$

est vraie par récurrence finie sur k. Si $k = 1$, on a $\tau_1(f) = f$ puisque f est symétrique. Si la propriété est vraie au rang k, avec $k < m$, alors :

$$\begin{aligned} (\tau_1 \circ \tau_2 \circ \ldots \circ \tau_{k+1})(f) &= (\tau_1 \circ \tau_2 \circ \ldots \circ \tau_k)(\tau_{k+1}(f)) \\ &= (\tau_1 \circ \tau_2 \circ \ldots \circ \tau_k)(f) = f \end{aligned}$$

en appliquant la propriété au rang k, ce qui achève la preuve.

2) On reproduit la preuve précédente en utilisant le fait que la signature d'une permutation est une fonction multiplicative, c'est-à-dire telle que $\varepsilon(\sigma\rho) = \varepsilon(\sigma)\varepsilon(\rho)$ quelles que soient les permutations σ et ρ.

Tout d'abord la condition est clairement suffisante comme on le voit en écrivant $\tau(f) = \varepsilon(\tau) f = -f$ avec une transposition τ quelconque. Réciproquement, si f est antisymétrique et si $\sigma \in \mathfrak{S}_p$, il existe $m \in \mathbb{N}$ et des transpositions

1.2. SYMÉTRIE, ANTISYMÉTRIE, ALTERNANCE

τ_i ($1 \leq i \leq m$) telles que $\sigma = \tau_1 \circ \tau_2 \circ ... \circ \tau_m$, et il s'agit de montrer que $\sigma(f) = \varepsilon(\sigma) f$. Tout revient à démontrer la propriété :

$$\forall k \in [\![1, m]\!] \quad (\tau_1 \circ \tau_2 \circ ... \circ \tau_k)(f) = \varepsilon(\sigma) f$$

par récurrence sur k. Si $k = 1$, on a $\tau_1(f) = -f = \varepsilon(\tau_1) f$ puisque f est antisymétrique. Si la propriété est vraie au rang k, avec $k < m$, alors :

$$\begin{aligned}(\tau_1 \circ \tau_2 \circ ... \circ \tau_{k+1})(f) &= (\tau_1 \circ \tau_2 \circ ... \circ \tau_k)(\tau_{k+1}(f)) \\ &= (\tau_1 \circ \tau_2 \circ ... \circ \tau_k)(\varepsilon(\tau_{k+1}) f)\end{aligned}$$

et l'hypothèse récurrente au rang k donne :

$$\begin{aligned}(\tau_1 \circ \tau_2 \circ ... \circ \tau_k)(\varepsilon(\tau_{k+1}) f) &= \varepsilon(\tau_1 \circ \tau_2 \circ ... \circ \tau_k) \varepsilon(\tau_{k+1}) f \\ &= \varepsilon(\tau_1 \circ \tau_2 \circ ... \circ \tau_k \circ \tau_{k+1}) f\end{aligned}$$

d'où la propriété au rang $k+1$. ∎

Remarque — Si $f \in \mathcal{L}_p(E; F)$, le Théorème 3 permet d'affirmer que pour tout $\sigma \in \mathfrak{S}_p$ et tout $(x_1, ..., x_p) \in E^p$,

$$f(x_{\sigma(1)}, ..., x_{\sigma(p)}) = \begin{cases} f(x_1, ..., x_p) & \text{si } f \text{ est symétrique,} \\ \varepsilon(\sigma) f(x_1, ..., x_p) & \text{si } f \text{ est antisymétrique.} \end{cases}$$

On vérifie facilement que :

Théorème 4 *L'ensemble des applications p-linéaire f symétriques (resp. alternées) de E dans F est un sous-espace vectoriel de $\mathcal{L}_p(E; F)$.*

Définition 5 *On note $\mathcal{S}_p(E; F)$ (resp. $\mathcal{A}_p(E; F)$) les espaces vectoriels des applications p-linéaire f symétriques (resp. alternées) de E dans F. Si $F = K$, on obtient des formes p-linéaire f symétriques (resp. alternées), et l'on note plus simplement $\mathcal{S}_p(E)$ et $\mathcal{A}_p(E)$ les espaces correspondants.*

Théorème 5 *Si $f \in \mathcal{A}_p(E; F)$, alors l'image $f(x_1, ..., x_p)$ ne change pas si l'on remplace l'un des vecteurs x_i par lui-même augmenté d'une combinaison linéaire des autres vecteurs $x_1, ..., x_{i-1}, x_{i+1}, ..., x_p$. En particulier $f(x_1, ..., x_p) = 0$ dès que le système $(x_1, ..., x_p)$ est lié.*

Preuve — Posons $g(x_i) = f(x_1, ..., x_i, ..., x_p)$ en considérant les composantes $x_1, ..., x_{i-1}, x_{i+1}, ..., x_p$ fixées une fois pour toutes. Si nous remplaçons x_i par

$x_i+\sum_{k\neq i}\lambda_k x_k$, où les λ_i sont des scalaires, on obtient par linéarité en la i-ème composante :
$$g\left(x_i+\sum_{k\neq i}\lambda_k x_k\right)=g(x_i)+\sum_{k\neq i}\lambda_k g(x_k)$$
mais $g(x_k)=f(x_1,...,x_k,...,x_p)=0$ quel que soit $k\neq i$ car f est alternée, et puisqu'il existe toujours deux composantes égales dans $(x_1,...,x_k,...,x_p)$. Par suite $g(x_i+\sum_{k\neq i}\lambda_k x_k)=g(x_i)$ et la première partie du Théorème est démontrée.

Si le système $(x_1,...,x_p)$ est lié, l'un au moins des vecteurs de ce système s'écrit comme une combinaison linéaire des autres vecteurs. Il existe donc i et des scalaires λ_i tels que $x_i=\sum_{k\neq i}\lambda_k x_k$. Ce qui précède donne alors :
$$\begin{aligned}f(x_1,...,x_i,...,x_p)&=f(x_1,...,\sum_{k\neq i}\lambda_k x_k,...,x_p)\\&=f(x_1,...,0,...,x_p)=0.\quad\blacksquare\end{aligned}$$

Chapitre 2

Déterminants

2.1 Déterminant d'un système de vecteurs

Soit E un espace vectoriel de dimension finie $n \geq 1$ sur un corps K de caractéristique différente de 2 (on peut supposer que $K = \mathbb{R}$ ou $\mathbb{C}$ ce qui ne posera aucun problème pour la suite). Soit f une forme p-linéaire alternée de E dans F, autrement dit $f \in \mathcal{A}_p(E)$.

Soit $e = (e_1, ..., e_n)$ une base de E. Tout vecteur x de E s'exprime de façon unique comme une combinaison linéaire des vecteurs de cette base. Si $(x_1, ..., x_p)$ est une famille de p vecteurs de E, on a donc :

$$\forall j \in [\![1,p]\!] \quad \exists!(\lambda_{1j}, ..., \lambda_{nj}) \in K^n \quad x_j = \sum_{i=1}^{n} \lambda_{ij} e_i$$

et :

$$\begin{aligned}
f(x_1, ..., x_p) &= f\left(\sum_{i_1=1}^{n} \lambda_{i_1 1} e_{i_1}, ..., \sum_{i_p=1}^{n} \lambda_{i_p n} e_{i_p}\right) \\
&= \sum_{i_1=1}^{n} ... \sum_{i_p=1}^{n} \lambda_{i_1 1} ... \lambda_{i_p n} f\left(e_{i_1}, ..., e_{i_p}\right) \\
&= \sum_{(i_1, ..., i_p) \in [\![1,n]\!]^p} \lambda_{i_1 1} ... \lambda_{i_p n} f\left(e_{i_1}, ..., e_{i_p}\right).
\end{aligned}$$

Mais f est alternée, donc $f\left(e_{i_1}, ..., e_{i_p}\right)$ s'annule chaque fois que deux composantes de $\left(e_{i_1}, ..., e_{i_p}\right)$ sont égales. La somme qui définit $f(x_1, ..., x_p)$ dans l'égalité précédente n'intéresse donc que les indices $i_1, ..., i_p$ distincts entre eux deux à deux, et il existe une injection :

$$\begin{aligned}
\sigma: \ [\![1,p]\!] &\to [\![1,n]\!] \\
k &\mapsto \sigma(k) = i_k.
\end{aligned}$$

La somme précédente s'écrit donc :

$$f(x_1, ..., x_p) = \sum_{\sigma \in \mathcal{I}} \lambda_{\sigma(1)1}...\lambda_{\sigma(p)n} f\left(e_{\sigma(1)}, ..., e_{\sigma(p)}\right)$$

où $\mathcal{I}$ désigne l'ensemble des applications injectives de $[\![1,p]\!]$ dans $[\![1,n]\!]$. De trois choses l'une :

- Si $p > n$, $\mathcal{I} = \emptyset$ donc $f = 0$. Lorsque $p > n$, la seule forme p-linéaire alternée sur E est donc l'application nulle.

- Si $1 \leq p < n$, on pourrait continuer à raisonner pour démontrer que l'ensemble $\mathcal{A}_p(E)$ est un espace vectoriel de dimension $\binom{n}{p}$, soit exactement le nombre de suites $\left(e_{i_1}, ..., e_{i_p}\right)$ que l'on peut écrire en utilisant des éléments distincts de la base $(e_1, ..., e_n)$ et en imposant les inégalités $i_1 < ... < i_p$. Nous laisserons ce cas de côté.

- Si $p = n$, alors $\mathcal{I} = \mathfrak{S}_n$ est le groupe des permutations σ de $[\![1,n]\!]$, et :

$$f(x_1, ..., x_n) = \sum_{\sigma \in \mathfrak{S}_n} \lambda_{\sigma(1)1}...\lambda_{\sigma(n)n} f\left(e_{\sigma(1)}, ..., e_{\sigma(n)}\right).$$

Comme f est antisymétrique, le Théorème 3 donne :

$$f\left(e_{\sigma(1)}, ..., e_{\sigma(n)}\right) = \varepsilon(\sigma) f(e_1, ..., e_n),$$

donc :

$$f(x_1, ..., x_n) = f(e_1, ..., e_n) \sum_{\sigma \in \mathfrak{S}_n} \varepsilon(\sigma) \lambda_{\sigma(1)1}...\lambda_{\sigma(n)n}. \quad (*)$$

Cela nous conduit à poser :

Définition 6 *Le nombre $\sum_{\sigma \in \mathfrak{S}_n} \varepsilon(\sigma) \lambda_{\sigma(1)1}...\lambda_{\sigma(n)n}$ est appelé **déterminant du système de vecteurs** $(x_1, ..., x_n)$ dans la base $e = (e_1, ..., e_n)$. On le note $\det_e(x_1, ..., x_n)$, de sorte que :*

$$\det_e(x_1, ..., x_n) = \sum_{\sigma \in \mathfrak{S}_n} \varepsilon(\sigma) \lambda_{\sigma(1)1}...\lambda_{\sigma(n)n}.$$

Théorème 6 *L'application :*

$$\det_e : \quad E^n \quad \to \quad K$$
$$(x_1, ..., x_n) \quad \mapsto \quad \det_e(x_1, ..., x_n)$$

est une application n-linéaire alternée telle que $\det_e(e_1, ..., e_n) = 1$.

2.1. DÉTERMINANT D'UN SYSTÈME DE VECTEURS

Preuve — L'application $\det_e$ est clairement multilinéaire. Pour toute permutation $\rho \in \mathfrak{S}_n$, on a :

$$\det_e(x_{\rho(1)}, ..., x_{\rho(n)}) = \sum_{\sigma \in \mathfrak{S}_n} \varepsilon(\sigma) \lambda_{\sigma(1)\rho(1)}...\lambda_{\sigma(n)\rho(n)}$$

$$= \sum_{\sigma \in \mathfrak{S}_n} \varepsilon(\sigma) \lambda_{(\sigma \circ \rho^{-1})(1),1}...\lambda_{(\sigma \circ \rho^{-1})(n),n}.$$

Comme $\sigma \mapsto \sigma \circ \rho^{-1}$ est une bijection de $\mathfrak{S}_n$ dans $\mathfrak{S}_n$, on obtient :

$$\det_e(x_{\rho(1)}, ..., x_{\rho(n)}) = \sum_{\nu \in \mathfrak{S}_n} \varepsilon(\nu \circ \rho) \lambda_{\nu(1),1}...\lambda_{\nu(n),n}$$

$$= \varepsilon(\rho) \sum_{\nu \in \mathfrak{S}_n} \varepsilon(\nu) \lambda_{\nu(1),1}...\lambda_{\nu(n),n}$$

$$= \varepsilon(\rho) \det_e(x_1, ..., x_n),$$

ce qui montre que l'application multilinéaire $\det_e$ est alternée. Enfin :

$$\det_e(e_1, ..., e_n) = \sum_{\sigma \in \mathfrak{S}_n} \varepsilon(\sigma) \delta_{\sigma(1)1}...\delta_{\sigma(n)n}$$

où δ_{ij} désigne le symbole de Kronecker (qui vaut 0 si $i \neq j$, et 1 sinon), puisque les coordonnées de e_j dans la base e sont $(\delta_{1j}, ..., \delta_{nj}) = (0, ..., 0, 1, 0, ..., 0)$ avec un 1 seulement à la j-ième place. Tous les termes de la somme :

$$\sum_{\sigma \in \mathfrak{S}_n} \varepsilon(\sigma) \delta_{\sigma(1)1}...\delta_{\sigma(n)n}$$

sont donc nuls sauf celui où $(\sigma(1), ..., \sigma(n)) = (1, ..., n)$, ce qui correspond à $\sigma = Id$. En conclusion $\det_e(e_1, ..., e_n) = \varepsilon(Id) \delta_{11}...\delta_{nn} = 1$. ∎

Le résultat suivant constitue une définition équivalente du déterminant dans une base e de E :

Théorème 7 *Soient E un espace vectoriel sur K, et $e = (e_1, ..., e_n)$ une base de E. Le déterminant dans la base e est l'unique forme n-linéaire alternée sur E qui prend la valeur 1 en $(e_1, ..., e_n)$.*

Preuve — Le Théorème 6 montre que l'application $\det_e : E^n \to K$ est une forme n-linéaire alternée telle que $\det_e(e_1, ..., e_n) = 1$. Si $f \in \mathcal{A}_n(E)$ vérifie $f((e_1, ..., e_n)) = 1$, la relation (∗) démontrée plus haut montre que pour tout $(x_1, ..., x_n) \in E^n$:

$$f(x_1, ..., x_n) = f(e_1, ..., e_n) \sum_{\sigma \in \mathfrak{S}_n} \varepsilon(\sigma) \lambda_{\sigma(1)1}...\lambda_{\sigma(n)n} = \det_e(x_1, ..., x_n)$$

d'où le résultat. ■

On déduit aussi :

Théorème 8 *Soit E un espace vectoriel sur K, et $e = (e_1, ..., e_n)$ une base de E. L'espace vectoriel $\mathcal{A}_n(E)$ des formes n-linéaires alternées sur E est de dimension 1, et admet la forme $\det_e$ comme base. Autrement dit, pour tout $f \in \mathcal{A}_n(E)$ il existe un unique $\lambda \in K$ tel que $f = \lambda \det_e$.*

Preuve — Si $f \in \mathcal{A}_n(E)$, la relation $(*)$ montre que $f = f(e_1, ..., e_n) \det_e$, ce qui prouve que la famille $(\det_e)$ engendre $\mathcal{A}_n(E)$. Comme $\det_e(e_1, ..., e_n) = 1$, l'application $\det_e$ n'est pas l'application nulle, donc forme un système libre, et donc une base de $\mathcal{A}_n(E)$. ■

Voici deux expressions possibles du déterminant dans la base e :

Théorème 9 *Avec les notations précédentes,*

$$\det_e(x_1, ..., x_n) = \sum_{\sigma \in \mathfrak{S}_n} \varepsilon(\sigma) \lambda_{\sigma(1)1} ... \lambda_{\sigma(n)n} = \sum_{\sigma \in \mathfrak{S}_n} \varepsilon(\sigma) \lambda_{1\sigma(1)} ... \lambda_{n\sigma(n)}$$

Preuve — La première égalité n'est autre que la définition de $\det_e$. Comme $\sigma \mapsto \sigma^{-1}$ est une bijection de $\mathfrak{S}_n$ dans lui-même, on peut écrire :

$$\begin{aligned}
\det_e(x_1, ..., x_n) &= \sum_{\sigma \in \mathfrak{S}_n} \varepsilon(\sigma) \lambda_{\sigma(1)1} ... \lambda_{\sigma(n)n} \\
&= \sum_{\sigma \in \mathfrak{S}_n} \varepsilon(\sigma) \lambda_{1\sigma^{-1}(1)} ... \lambda_{n\sigma^{-1}(n)} \\
&= \sum_{\nu \in \mathfrak{S}_n} \varepsilon(\nu^{-1}) \lambda_{1\nu(1)} ... \lambda_{n\nu(n)}
\end{aligned}$$

et comme $\varepsilon(\nu^{-1}) = \varepsilon(\nu)$, obtenir :

$$\det_e(x_1, ..., x_n) = \sum_{\nu \in \mathfrak{S}_n} \varepsilon(\nu) \lambda_{1\nu(1)} ... \lambda_{n\nu(n)}. \blacksquare$$

2.2 Déterminant d'une matrice

Définition 7 *Soit $A = (a_{ij})_{1 \leq i,j \leq n}$ une matrice carrée d'ordre n à coefficients dans K. On appelle **déterminant de** A, et l'on note $\det A$, le déterminant du système formé par les vecteurs-colonnes de la matrice A dans la base canonique de K^n. On note aussi :*

2.2. DÉTERMINANT D'UNE MATRICE

$$\det A = \begin{vmatrix} a_{11} & a_{12} & \cdots & a_{1n} \\ a_{21} & a_{22} & \cdots & a_{2n} \\ \vdots & \vdots & & \vdots \\ a_{n1} & a_{n2} & \cdots & a_{nn} \end{vmatrix}.$$

La i-ième colonne $v_j = {}^t(a_{1j}, a_{2j}, ..., a_{nj})$ de la matrice $A = (a_{ij})_{1 \leq i,j \leq n}$ est un vecteur de K^n, qui est un espace vectoriel de dimension n sur K, donc le déterminant $\det_e(v_1, ..., v_n)$ dans la base canonique $e = (e_1, ..., e_n)$ de K^n est bien défini. C'est :

$$\det A = \sum_{\sigma \in \mathfrak{S}_n} \varepsilon(\sigma) \, a_{\sigma(1)1} ... a_{\sigma(n)n}.$$

Autrement dit, par définition :

$$\begin{vmatrix} a_{11} & a_{12} & \cdots & a_{1n} \\ a_{21} & a_{22} & \cdots & a_{2n} \\ \vdots & \vdots & & \vdots \\ a_{n1} & a_{n2} & \cdots & a_{nn} \end{vmatrix} = \sum_{\sigma \in \mathfrak{S}_n} \varepsilon(\sigma) \, a_{\sigma(1)1} ... a_{\sigma(n)n}.$$

Il est parfois commode de noter $A = [v_1, ..., v_n]$ la matrice dont les colonnes sont les vecteurs v_i de K^n. Avec cette notation :

$$\det A = \det[v_1, ..., v_n] = \det_e(v_1, ..., v_n).$$

Dans toute la suite, on notera $\mathcal{M}(n)$ l'ensemble des matrices carrées d'ordre n à coefficients dans K. On constate que :

Théorème 10 *Le déterminant d'une matrice est égal au déterminant de sa transposée :*
$$\forall A \in \mathcal{M}(n) \quad \det({}^tA) = \det A.$$

Preuve — On obtient la transposée ${}^tA$ de A à partir de A en changeant les lignes de A en colonnes, autrement dit en formant ${}^tA = (b_{ij})_{1 \leq i,j \leq n}$ où $b_{ij} = a_{ji}$. Le Théorème 9 montre alors que :

$$\begin{aligned} \det({}^tA) = \det(b_{ij})_{1 \leq i,j \leq n} &= \sum_{\sigma \in \mathfrak{S}_n} \varepsilon(\sigma) \, b_{\sigma(1)1} ... b_{\sigma(n)n} \\ &= \sum_{\sigma \in \mathfrak{S}_n} \varepsilon(\sigma) \, b_{1\sigma(1)} ... b_{n\sigma(n)} \\ &= \sum_{\sigma \in \mathfrak{S}_n} \varepsilon(\sigma) \, a_{\sigma(1)1} ... a_{\sigma(n)n} \\ &= \det A. \quad \blacksquare \end{aligned}$$

Le Théorème 10 montre que tout ce qu'on peut affirmer sur les colonnes d'un certain déterminant pourra être affirmé sur les lignes de ce même déterminant. Par exemple le déterminant de la matrice A est à la fois le déterminant du système formé par les vecteurs-colonnes de A, et le déterminant du système formé par les vecteurs-lignes de A.

2.3 Déterminant d'un endomorphisme

Théorème 11 *Soient E un espace vectoriel de dimension $n \geq 1$ sur K et u un endomorphisme de E. Il existe un unique scalaire λ_u tel que pour toute forme n-linéaire $f \in \mathcal{A}_n(E)$ et tout $(x_1, ..., x_n) \in E^n$ on ait :*

$$f(u(x_1), ..., u(x_n)) = \lambda_u f(x_1, ..., x_n).$$

Preuve — Si $f \in \mathcal{A}_n(E)$, la fonction $\varphi_u(f) : (x_1, ..., x_n) \mapsto f(u(x_1), ..., u(x_n))$ est une forme n-linéaire alternée sur E, et l'application :

$$\begin{array}{rccc} \varphi_u : & \mathcal{A}_n(E) & \to & \mathcal{A}_n(E) \\ & f & \mapsto & \varphi_u(f) \end{array}$$

est linéaire puisque pour tout $(\lambda, f, g) \in K \times \mathcal{A}_n(E) \times \mathcal{A}_n(E)$ et pour tout $(x_1, ..., x_n) \in E^n$:

$$\begin{aligned} \varphi_u(f + \lambda g)(x_1, ..., x_n) &= (f + \lambda g)(u(x_1), ..., u(x_n)) \\ &= f(u(x_1), ..., u(x_n)) + \lambda g(u(x_1), ..., u(x_n)) \\ &= \varphi_u(f)(x_1, ..., x_n) + \lambda \varphi_u(g)(x_1, ..., x_n) \\ &= [\varphi_u(f) + \lambda \varphi_u(g)](x_1, ..., x_n), \end{aligned}$$

ce qui implique que $\varphi_u(f + \lambda g) = \varphi_u(f) + \lambda \varphi_u(g)$. L'application φ_u est donc un endomorphisme de $\mathcal{A}_n(E)$, et comme $\mathcal{A}_n(E)$ est un espace vectoriel de dimension 1, tous ses endomorphismes sont des homothéties vectorielles. Il existe donc un unique scalaire λ_u tel que :

$$\forall f \in \mathcal{A}_n(E) \quad \varphi_u(f) = \lambda_u f$$

et l'on obtient la formule annoncée. ∎

Définition 8 *Le scalaire λ_u défini au Théorème 11 est appelé **déterminant de u**, et noté $\det u$. C'est l'unique scalaire tel que :*

$$\forall f \in \mathcal{A}_n(E) \;\; \forall (x_1, ..., x_n) \in E^n \;\; f(u(x_1), ..., u(x_n)) = (\det u) f(x_1, ..., x_n).$$

Le Théorème suivant nous offre une définition équivalente du déterminant d'un endomorphisme :

2.4. PROPRIÉTÉS DU DÉTERMINANT

Théorème 12 *Soient E un espace vectoriel de dimension n sur K ($n \geq 1$), $e = (e_1, ..., e_n)$ une base de E, et $u \in \mathcal{L}(E)$. On note $\mathrm{Mat}(u; e)$ la matrice de u dans la base e. Alors :*

$$\det u = \det{}_e(u(e_1), ..., u(e_n)) = \det \mathrm{Mat}(u; e).$$

Preuve — Par définition $f(u(x_1), ..., u(x_n)) = (\det u) f(x_1, ..., x_n)$ pour tout $f \in \mathcal{A}_n(E)$ et tout $(x_1, ..., x_n) \in E^n$. Si l'on prend $(x_1, ..., x_n) = (e_1, ..., e_n)$ et $f = \det{}_e$, on obtient :

$$\det{}_e(u(e_1), ..., u(e_n)) = (\det u) \det{}_e(e_1, ..., e_n) = \det u$$

d'où la première égalité.

La seconde égalité provient à la fois de la définition de la matrice d'un endomorphisme dans une base donnée et de la définition du déterminant d'une matrice. Les colonnes de la matrice $\mathrm{Mat}(u; e)$ de u dans la base e sont formées par définition des coordonnées des images $u(e_1), ..., u(e_n)$ des vecteurs de la base e par u, exprimées dans la base e. Soit :

$$\mathrm{Mat}(u; e) = \begin{pmatrix} a_{11} & a_{12} & \cdots & a_{1n} \\ a_{21} & a_{22} & \cdots & a_{2n} \\ \vdots & \vdots & & \vdots \\ a_{n1} & a_{n2} & \cdots & a_{nn} \end{pmatrix}$$

si l'on note $u(e_j) = \sum_{i=1}^{n} a_{ij} e_i$ pour tout $j \in [\![1, n]\!]$.

La définition du déterminant d'une matrice (Définition 7) et celle du déterminant $\det{}_e$ dans la base e permettent alors d'écrire :

$$\det \mathrm{Mat}(u; e) = \sum_{\sigma \in \mathfrak{S}_n} \varepsilon(\sigma) a_{\sigma(1)1} ... a_{\sigma(n)n} = \det{}_e(u(e_1), ..., u(e_n)). \blacksquare$$

2.4 Propriétés du déterminant

Soient E un espace vectoriel sur K et $e = (e_1, ..., e_n)$ une base de E. Par définition le déterminant $\det{}_e$ dans la base e est l'unique forme n-linéaire alternée qui vérifie $\det{}_e(e_1, ..., e_n) = 1$. On peut donc affirmer que :

(P1) Le déterminant $\det{}_e(x_1, ..., x_n)$ dépend linéairement de chacune des variables x_i, et vérifie $\det{}_e(e_1, ..., e_n) = 1$ (Théorème 6).

(P2) Le déterminant d'une famille de vecteurs est multiplié par $\varepsilon(\sigma)$ si l'on permute l'ordre de ces vecteurs suivant une permutation σ de $\mathfrak{S}_n$ (Théorème 3), autrement dit :
$$\forall \sigma \in \mathfrak{S}_n \quad \forall (x_1, ..., x_n) \in E^n \quad \det{}_e(x_{\sigma(1)}, ..., x_{\sigma(n)}) = \varepsilon(\sigma) \det{}_e(x_1, ..., x_n).$$

(P3) Le déterminant d'une famille de vecteurs est transformé en son opposé si l'on échange deux vecteurs.

(P4) Le déterminant $\det_e(x_1, ..., x_n)$ ne change pas si l'on ajoute à l'un des vecteurs x_i une combinaison linéaires des autres vecteurs x_1, ..., x_n (Théorème 5).

(P5) Le déterminant d'une famille de vecteurs est nul si l'un des vecteurs est nul, ou si l'un des vecteurs est combinaison linéaire des autres vecteurs (Théorème 5).

Les cinq propriétés ci-dessus peuvent être facilement énoncées pour les déterminants de matrices carrées sachant qu'alors les vecteurs x_1, ..., x_n représentent soit les vecteurs-colonnes, soit les vecteurs lignes, des matrices considérées.

Théorème 13 *(Caractérisation d'une base de E)*
Soient E un espace vectoriel sur K et $e = (e_1, ..., e_n)$ une base de E (avec $n \geq 1$). Un système $(x_1, ..., x_n)$ de n vecteurs de E est une base de E si et seulement si $\det_e(x_1, ..., x_n) \neq 0$.

Preuve — Comme $\dim E = n$, le système $(x_1, ..., x_n)$ sera une base de E si, et seulement si, il est libre. Il s'agit donc de montrer l'équivalence :
$$(x_1, ..., x_n) \text{ libre} \Leftrightarrow \det{}_e(x_1, ..., x_n) \neq 0.$$

($\Rightarrow$) Si $x = (x_1, ..., x_n)$ est libre, c'est une base de E et l'on peut définir le déterminant $\det_x$ dans cette base. Par définition $\det_x(x_1, ..., x_n) = 1$, donc $\det_x$ n'est pas l'application nulle. Comme l'ensemble des formes n-linéaires alternées est un espace vectoriel de dimension 1, et comme $\det_e$ n'est pas l'application nulle, il existe $\lambda \in K$ tel que $\det_e = \lambda \det_x$.
On a $\det_e(x_1, ..., x_n) = \lambda \det_x(x_1, ..., x_n)$, donc $\lambda = \det_e(x_1, ..., x_n)$, et par conséquent :
$$\det{}_e = \det{}_e(x_1, ..., x_n) \det{}_x.$$
Cela implique que $\det_e(x_1, ..., x_n) \neq 0$, autrement l'égalité précédente montrerait que la forme n-linéaire $\det_e$ est nulle, ce qui serait absurde.

($\Leftarrow$) On montre la contraposée : si $(x_1, ..., x_n)$ est lié, l'un des vecteurs x_i est combinaison linéaires des autres vecteurs, donc $\det_e(x_1, ..., x_n) = 0$ d'après la propriété (P5) énoncée plus haut. ∎

2.4. PROPRIÉTÉS DU DÉTERMINANT

Théorème 14 *Soit E un espace vectoriel de dimension n sur K ($n \geq 1$). Si u et v désignent deux endomorphismes de E, et si $\lambda \in K$, alors :*
  (1) $\det Id = 1$.
  (2) $\det(\lambda u) = \lambda^n \det u$.
  (3) $\det u \circ v = \det u \times \det v$.
  (4) $\det {}^t u = \det u$.

Preuve — Soit $e = (e_1, ..., e_n)$ une base de E. D'après le Théorème 12 :
$$\det u = {\det}_e(u(e_1), ..., u(e_n)).$$

(1) $\det Id = {\det}_e(Id(e_1), ..., Id(e_n)) = {\det}_e(e_1, ..., e_n) = 1$ par définition du déterminant d'un système de vecteurs dans la base e.

(2) $\det(\lambda u) = {\det}_e(\lambda u(e_1), ..., \lambda u(e_n)) = \lambda^n {\det}_e(u(e_1), ..., u(e_n)) = \lambda^n \det u$ puisque ${\det}_e$ est une forme n-linéaire.

(3) En appliquant la Définition 8 :
$$\begin{aligned}\det u \circ v &= {\det}_e(u(v(e_1)), ..., u(v(e_n))) \\ &= \det u \times {\det}_e(v(e_1), ..., v(e_n)) \\ &= \det u \times \det v.\end{aligned}$$

(4) Soit $e^* = (e_1^*, ..., e_n^*)$ la base duale de e dans E^*. Soit $M = \text{Mat}(u; e)$ la matrice de u dans la base e. Rappelons que la transposée de u est l'application linéaire de E^* dans E^* qui a $l \in E^*$ fait correspondre la forme linéaire $l \circ u$, ce qui se traduit par la relation suivante :
$$\forall l \in E^* \quad \forall x \in E \quad \langle {}^t u(l), x \rangle = \langle l, u(x) \rangle$$

où les crochets sont des crochets de dualité. A partir de cette relation, il est facile de démontrer que la matrice de ${}^t u$ dans e^* est la transposée de la matrice de u dans e ([2], Théorème 28), ce que l'on écrira :
$$\text{Mat}({}^t u; e^*) = {}^t M.$$

Il suffit d'appliquer les Théorèmes 10 et 12 pour obtenir :
$$\det {}^t u = \det \text{Mat}({}^t u; e^*) = \det {}^t M = \det M = \det u. \blacksquare$$

Il est toujours possible de traduire les items du Théorème 14 dans un langage matriciel pour obtenir les propriétés suivantes des déterminants de matrices :

Théorème 15 *Soit $\mathcal{M}(n)$ l'ensemble des matrices carrées d'ordre n à coefficients dans K ($n \geq 1$). Soit I la matrice identique. Si $M, N \in \mathcal{M}(n)$ et $\lambda \in K$, alors :*
  (1) $\det I = 1$.
  (2) $\det(\lambda M) = \lambda^n \det M$.
  (3) $\det(M \times N) = \det M \times \det N$.
  (4) $\det {}^t M = \det M$.

Preuve — Soit E un espace vectoriel de dimension n sur K. Il en existe : on peut prendre $E = K^n$. Soit $e = (e_1, ..., e_n)$ une base de E. Soient u et v les endomorphismes de E de matrices respectives M et N dans la base e. Le Théorème 12 montre que $\det M = \det u$ et $\det N = \det v$.

(1) $\det I = \det \mathrm{Mat}(Id; e) = \det I = 1$ d'après le Théorème 14.

(2) $\det(\lambda M) = \det(\lambda u) = \lambda^n \det u = \lambda^n \det M$ d'après le Théorème 14.

(3) Comme $M \times N = \mathrm{Mat}(u; e) \times \mathrm{Mat}(v; e) = \mathrm{Mat}(u \circ v; e)$, le Théorème 14 donne :

$$\begin{aligned} \det(M \times N) &= \det \mathrm{Mat}(u \circ v; e) \\ &= \det u \circ v \\ &= \det u \times \det v \\ &= \det M \times \det N. \end{aligned}$$

(4) La propriété $\det {}^t M = \det M$ a été démontrée au Théorème 10. ∎

Théorème 16 *Soit E un espace vectoriel de dimension $n \geq 1$ et u un endomorphisme de E. Alors u est inversible si et seulement si $\det u \neq 0$, et dans ce cas :*
$$\det u^{-1} = \frac{1}{\det u}.$$

Preuve — Si $u \in \mathcal{L}(E)$, comme E est de dimension finie, u est bijectif si et seulement si u est surjectif, c'est-à-dire $E = \mathrm{Im}\, u$. On sait que $\mathrm{Im}\, u$ est égal au sous-espace vectoriel $\mathrm{Vect}((u(e_1), ..., u(e_n)))$ engendré par la famille formée par les images des vecteurs d'une base $e = (e_1, ..., e_n)$ de E par u. Donc :

$$\begin{aligned} u \text{ bijectif} &\Leftrightarrow u \text{ surjectif} \\ &\Leftrightarrow E = \mathrm{Im}\, u \\ &\Leftrightarrow E = \mathrm{Vect}((u(e_1), ..., u(e_n))) \\ &\Leftrightarrow (u(e_1), ..., u(e_n)) \text{ base de } E \\ &\Leftrightarrow \det{}_e(u(e_1), ..., u(e_n)) \neq 0 \quad \text{(Th. 13)} \\ &\Leftrightarrow \det u \neq 0. \quad \text{(Th. 12)} \end{aligned}$$

2.4. PROPRIÉTÉS DU DÉTERMINANT

Si u est un automorphisme de E, l'application réciproque $u^{-1} : E \to E$ existe, est linéaire, et $u^{-1} \circ u = u \circ u^{-1} = Id$. Le Théorème 14 montre alors que :

$$\begin{cases} \det u \circ u^{-1} = \det u \times \det u^{-1} \\ \det u \circ u^{-1} = \det Id = 1 \end{cases}$$

d'où $\det u \times \det u^{-1} = 1$, c'est-à-dire $\det u^{-1} = (\det u)^{-1}$. ∎

Le Théorème 16 possède encore une traduction matricielle :

Théorème 17 *Soit $M \in \mathcal{M}(n)$. Alors M est inversible si et seulement si $\det M \neq 0$, et dans ce cas :*

$$\det M^{-1} = \frac{1}{\det M}.$$

Preuve — On considère un espace vectoriel E de dimension n sur K, on choisit une base $e = (e_1, ..., e_n)$ de E, puis on considère l'endomorphisme u de E de matrice M dans la base e. Alors M^{-1} est la matrice de u^{-1} dans la base e, et le Théorème 12 permet d'écrire :

$$\det M^{-1} = \det u^{-1} = \frac{1}{\det u} = \frac{1}{\det M}. \blacksquare$$

On peut rajouter cette propriété du déterminant de matrices carrées :

Théorème 18 *Deux matrices carrées semblables ont même déterminant.*

Preuve — Si M et N sont deux matrices carrées semblables dans $\mathcal{M}(n)$, il existe une matrice carrée inversible P telle que $N = P^{-1}MP$, par conséquent :

$$\det N = \det(P^{-1}MP) = \det P^{-1} \times \det M \times \det P = \det M$$

puisque $\det P^{-1} = (\det P)^{-1}$.

Une autre façon de raisonner consiste à envisager M et $N = P^{-1}MP$ comme les matrices d'une seule application linéaire u de $E = K^n$ dans E dans des bases $e = (e_1, ..., e_n)$ et $e' = (e'_1, ..., e'_n)$ différentes, e' étant donnée de façon à ce que P soit la matrice de passage $P_e^{e'}$ de e vers e', autrement dit de sorte que les coordonnées des vecteurs $e'_1, ..., e'_n$ de la nouvelle base dans l'ancienne base e soient les vecteurs-colonnes de P. Le Théorème 12 montre alors que $\det N = \det \mathrm{Mat}(u; e') = \det u = \det \mathrm{Mat}(u; e) = \det M$. ∎

On connaît le groupe linéaire de E : c'est le groupe $(\mathrm{GL}(E), \circ)$ des automorphisme de E. Le Théorème 16 permet d'écrire :

$$\mathrm{GL}(E) = \{u \in \mathcal{L}(E) \,/\, \det u \neq 0\}.$$

L'application :
$$\Psi : \begin{array}{rcl} \mathrm{GL}(E) & \to & (K^*, \times) \\ u & \mapsto & \det u \end{array}$$

est un morphisme de groupes de $(\mathrm{GL}(E), \circ)$ sur $(K^*, \times)$. Le noyau de Ψ est appelé le **groupe spécial linéaire** de E, et noté $\mathrm{SL}(E)$. Ainsi :

$$\mathrm{SL}(E) = \{u \in \mathrm{GL}(E) \ / \ \det u = 1\}.$$

Le sous-groupe $\mathrm{SL}(E)$ est distingué dans $\mathrm{GL}(E)$ puisque si $u \in \mathrm{SL}(E)$ et $v \in \mathrm{GL}(E)$,

$$\det(v \circ u \circ v^{-1}) = \det v \times \det u \times \frac{1}{\det v} = \det u = 1$$

montre que $v \circ u \circ v^{-1} \in \mathrm{SL}(E)$.

2.5 Calculs pratiques

2.5.1 Calcul d'un déterminant d'ordre 2 ou 3

Cas de la dimension 2

Considérons deux vecteurs de $E = \mathbb{R}^2$:

$$x_1 \begin{pmatrix} \lambda_{11} \\ \lambda_{21} \end{pmatrix} ; \quad x_2 \begin{pmatrix} \lambda_{12} \\ \lambda_{22} \end{pmatrix}.$$

Le groupe symétrique $\mathfrak{S}_2$ possède deux éléments : l'identité Id et la transposition $\tau = (1, 2)$. D'après le Théorème 9, le déterminant de (x_1, x_2) dans la base canonique $e = (e_1, e_2)$ de $\mathbb{R}^2$ est :

$$\begin{aligned} \det{}_e(x_1, x_2) &= \sum_{\sigma \in \mathfrak{S}_2} \varepsilon(\sigma) \lambda_{\sigma(1)1} \lambda_{\sigma(2)2} \\ &= \varepsilon(Id) \lambda_{11} \lambda_{22} + \varepsilon(\tau) \lambda_{21} \lambda_{12} \\ &= \lambda_{11} \lambda_{22} - \lambda_{21} \lambda_{12}. \end{aligned}$$

Ainsi le déterminant de la matrice carrée $\begin{pmatrix} \lambda_{11} & \lambda_{12} \\ \lambda_{21} & \lambda_{22} \end{pmatrix}$ est donné par la formule :

$$\begin{vmatrix} \lambda_{11} & \lambda_{12} \\ \lambda_{21} & \lambda_{22} \end{vmatrix} = \lambda_{11} \lambda_{22} - \lambda_{21} \lambda_{12}.$$

On calcule donc ce déterminant en effectuant un produit en croix.

2.5. CALCULS PRATIQUES

Cas de la dimension 3

Considérons trois vecteurs de $E = \mathbb{R}^3$:

$$x_1 \begin{pmatrix} \lambda_{11} \\ \lambda_{21} \\ \lambda_{31} \end{pmatrix} ; \quad x_2 \begin{pmatrix} \lambda_{12} \\ \lambda_{22} \\ \lambda_{32} \end{pmatrix} ; \quad x_3 \begin{pmatrix} \lambda_{13} \\ \lambda_{23} \\ \lambda_{33} \end{pmatrix}.$$

Le déterminant de ces vecteurs dans la base canonique $e = (e_1, e_2, e_3)$ sera :

$$\det{}_e(x_1, x_2, x_3) = \sum_{\sigma \in \mathfrak{S}_3} \varepsilon(\sigma) \lambda_{\sigma(1)1} \lambda_{\sigma(2)2} \lambda_{\sigma(3)3}. \quad (\dagger)$$

Le groupe symétrique $\mathfrak{S}_3$ possède $3! = 6$ éléments, à savoir l'identité Id, les trois transpositions $\tau_1 = (2, 3)$, $\tau_2 = (3, 1)$ et $\tau_3 = (1, 2)$, et les deux permutations circulaires $\sigma_{12} = (1, 2, 3)$ et $\sigma_{13} = (1, 3, 2)$. La somme à expliciter comporte donc 6 termes :

σ	$\varepsilon(\sigma)$	$\lambda_{\sigma(1)1}\lambda_{\sigma(2)2}\lambda_{\sigma(3)3}$	Contribution dans $(\dagger)$
Id	1	$\lambda_{11}\lambda_{22}\lambda_{33}$	$\lambda_{11}\lambda_{22}\lambda_{33}$
τ_1	-1	$\lambda_{11}\lambda_{32}\lambda_{23}$	$-\lambda_{11}\lambda_{32}\lambda_{23}$
τ_2	-1	$\lambda_{31}\lambda_{22}\lambda_{13}$	$-\lambda_{31}\lambda_{22}\lambda_{13}$
τ_3	-1	$\lambda_{21}\lambda_{12}\lambda_{33}$	$-\lambda_{21}\lambda_{12}\lambda_{33}$
σ_{12}	1	$\lambda_{21}\lambda_{32}\lambda_{13}$	$\lambda_{21}\lambda_{32}\lambda_{13}$
σ_{13}	1	$\lambda_{31}\lambda_{12}\lambda_{23}$	$\lambda_{31}\lambda_{12}\lambda_{23}$

Par suite :

$$\begin{aligned}\det{}_e(x_1, x_2, x_3) &= \lambda_{11}\lambda_{22}\lambda_{33} + \lambda_{21}\lambda_{32}\lambda_{13} + \lambda_{31}\lambda_{12}\lambda_{23} \\ &\quad - \lambda_{11}\lambda_{32}\lambda_{23} - \lambda_{31}\lambda_{22}\lambda_{13} - \lambda_{21}\lambda_{12}\lambda_{33}.\end{aligned}$$

Une autre façon d'exprimer ce résultat est de dire que le déterminant $\det A$ de la matrice carrée $A = (\lambda_{ij})_{i,j \in [\![1,.3]\!]}$ de colonnes les coordonnées des vecteurs x_1, x_2, x_3 dans la base e, est :

$$\begin{vmatrix} \lambda_{11} & \lambda_{12} & \lambda_{13} \\ \lambda_{21} & \lambda_{22} & \lambda_{23} \\ \lambda_{31} & \lambda_{32} & \lambda_{33} \end{vmatrix} = \begin{aligned}&\lambda_{11}\lambda_{22}\lambda_{33} + \lambda_{12}\lambda_{23}\lambda_{31} + \lambda_{13}\lambda_{21}\lambda_{32} \\ &- \lambda_{13}\lambda_{22}\lambda_{31} - \lambda_{11}\lambda_{23}\lambda_{32} - \lambda_{12}\lambda_{21}\lambda_{33}.\end{aligned}$$

La **règle de Sarrus** est un procédé mnémotechnique qui permet de retrouver facilement ce résultat. Elle consiste à recopier les deux premières colonnes du tableau des coordonnées sur la droite pour obtenir le grand tableau :

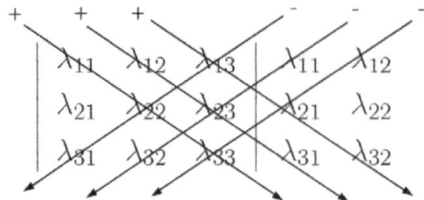

puis à sommer et soustraire les produits des éléments diagonaux comme indiqué sur le dessin. On obtient alors la somme des six termes attendus.

2.5.2 Développement suivant une ligne ou une colonne

Rappelons que δ_{ij} représente le symbole de Kronecker qui vaut 1 si $i = j$, et 0 sinon.

Théorème 19 *Soit $A = (a_{ij})_{1 \leq i,j \leq n}$ une matrice carrée d'ordre n ($n \geq 1$) telle que $a_{i1} = \delta_{i1}$ pour tout $i \in [\![1,n]\!]$. Soit $B = (a_{ij})_{2 \leq i,j \leq n}$ la matrice d'ordre $n-1$ obtenue à partir de A en supprimant la première ligne et la première colonne. Autrement dit :*

$$A = \begin{pmatrix} 1 & a_{12} & \cdots & a_{1n} \\ 0 & a_{22} & \cdots & a_{2n} \\ \vdots & \vdots & & \vdots \\ 0 & a_{n2} & \cdots & a_{nn} \end{pmatrix} = \begin{pmatrix} 1 & a_{12} & \cdots & a_{1n} \\ 0 & & & \\ \vdots & & B & \\ 0 & & & \end{pmatrix}.$$

Alors $\det A = \det B$.

Preuve — On a :

$$\det A = \sum_{\sigma \in \mathfrak{S}_n} \varepsilon(\sigma)\, a_{1\sigma(1)} \ldots a_{n\sigma(n)}$$

mais la contribution de $\varepsilon(\sigma)\, a_{1\sigma(1)} \ldots a_{n\sigma(n)}$ est nulle dès qu'il existe $j \in [\![2,n]\!]$ tel que $\sigma(j) = 1$. La somme porte donc uniquement sur les permutations σ telles que $\sigma([\![2,n]\!]) = [\![2,n]\!]$, et pour de telles permutations $\sigma(1) = 1$, donc $a_{1\sigma(1)} = a_{11} = 1$. Ainsi :

$$\det A = \sum_{\sigma \in \Lambda} \varepsilon(\sigma)\, a_{2\sigma(2)} \ldots a_{n\sigma(n)}$$

où Λ est le groupe des permutations de $[\![2,n]\!]$, et l'on obtient $\det A = \det B$ par définition du déterminant de B. ∎

2.5. CALCULS PRATIQUES

Définition 9 *Soit $A = (a_{ij})_{1 \leq i,j \leq n}$ une matrice carrée d'ordre n ($n \geq 1$).*
- *La matrice A_{ij} obtenue à partir de A en supprimant la i-ième ligne et la j-ième colonne, est appelée **matrice associée à** a_{ij}.*
- *Le déterminant $\det A_{ij}$ est appelé **mineur associé à** a_{ij}.*
- *Le produit $(-1)^{i+j} \det A_{ij}$ est appelé **cofacteur de** a_{ij}, et noté $\operatorname{cof}(a_{ij})$.*

On dit que le déterminant d'une matrice peut être développé suivant une ligne ou une colonne de la matrice pour évoquer le résultat suivant :

Théorème 20 *Soit $A = (a_{ij})_{1 \leq i,j \leq n}$ une matrice carrée d'ordre n ($n \geq 1$). Notons A_{ij} la matrice associée au coefficient a_{ij} et $\operatorname{cof}(a_{ij}) = (-1)^{i+j} \det A_{ij}$ le cofacteur de a_{ij}. Alors :*

(1) $\quad \forall j \in [\![1, n]\!] \quad \det A = \sum_{i=1}^{n} (-1)^{i+j} a_{ij} \det A_{ij} = \sum_{i=1}^{n} a_{ij} \operatorname{cof}(a_{ij}),$

(2) $\quad \forall i \in [\![1, n]\!] \quad \det A = \sum_{j=1}^{n} (-1)^{i+j} a_{ij} \det A_{ij} = \sum_{j=1}^{n} a_{ij} \operatorname{cof}(a_{ij}).$

Preuve — Considérons la matrice :

$$A = (a_{ij})_{1 \leq i,j \leq n} = \begin{pmatrix} a_{11} & a_{12} & \cdots & a_{1n} \\ a_{21} & a_{22} & \cdots & a_{2n} \\ \vdots & \vdots & & \vdots \\ a_{n1} & a_{n2} & \cdots & a_{nn} \end{pmatrix}$$

et notons $e = (e_1, ..., e_n)$ la base canonique de K^n.
Notons $v_j = {}^t(a_{1j}, a_{2j}, ..., a_{nj})$ le j-ième vecteur-colonne de A, de sorte que :

$$\det A = \det [v_1, ..., v_n] = \det_e(v_1, ..., v_n)$$

où $v_j = \sum_{i=1}^{n} a_{ij} e_i$. Par linéarité en la j-ième variable v_j :

$$\det A = \sum_{i=1}^{n} a_{ij} D_{ij}$$

où :
$$D_{ij} = \det_e(v_1, ..., v_{j-1}, e_i, v_{j+1}, ..., v_n).$$

En utilisant $j-1$ transpositions, on peut passer de $(v_1, ..., v_{j-1}, e_i, v_{j+1}, ..., v_n)$ à $(e_i, v_1, ..., v_{j-1}, v_{j+1}, ..., v_n)$, de sorte que :

$$D_{ij} = (-1)^{j-1} \det_e(e_i, v_1, ..., v_{j-1}, v_{j+1}, ..., v_n).$$

Avec $i-1$ transpositions de deux vecteurs-lignes consécutifs, on peut passer de la matrice $[e_i, v_1, ..., v_{j-1}, v_{j+1}, ..., v_n]$ à la matrice $[e_1, v'_1, ..., v'_{j-1}, v'_{j+1}, ..., v'_n]$ où $e_1 = {}^t(1, 0, ..., 0)$ et $v'_k = {}^t(a_{ik}, a_{1k}, ..., a_{i-1,k}, a_{i+1,k}, ..., a_{nk})$, de sorte que :

$$D_{ij} = (-1)^{j-1} \times (-1)^{i-1} \det[e_1, v'_1, ..., v'_{j-1}, v'_{j+1}, ..., v'_n] = (-1)^{i+j} \det \widetilde{A}_{ij}$$

où :

$$\widetilde{A}_{ij} = \begin{pmatrix} 1 & \# & \cdots & \# \\ 0 & & & \\ \vdots & & A_{ij} & \\ 0 & & & \end{pmatrix}$$

et où A_{ij} désigne la matrice carrée d'ordre $n-1$ obtenue à partir de A en supprimant la i-ième ligne et la j-ème colonne. Par définition A_{ij} est la matrice associée au coefficient a_{ij} de A. Le Théorème 19 montre que $\det \widetilde{A}_{ij} = \det A_{ij}$, par conséquent :

$$\det A = \sum_{i=1}^{n} a_{ij} D_{ij} = \sum_{i=1}^{n} a_{ij} (-1)^{i+j} \det A_{ij}$$

et l'on obtient les formules (1).

Pour démontrer les formules (2) on peut soit recommencer comme on vient de faire, soit remarquer que la transposée $B = {}^tA$ de la matrice A est obtenue en transformant les lignes de A en colonnes. On a donc $B = {}^tA = (b_{ij})_{1 \leq i,j \leq n}$ où $b_{ij} = a_{ji}$, et les formules (1) appliquées à ${}^tA$ s'écrivent :

$$\det({}^tA) = \sum_{i=1}^{n} (-1)^{i+j} b_{ij} \det B_{ij}.$$

Mais $\det A = \det({}^tA)$ d'après le Théorème 10, et $B_{ij} = {}^tA_{ji}$, donc :

$$\begin{aligned} \det A = \det({}^tA) &= \sum_{i=1}^{n} (-1)^{i+j} a_{ji} \det({}^tA_{ji}) \\ &= \sum_{i=1}^{n} (-1)^{i+j} a_{ji} \det A_{ji} \\ &= \sum_{j=1}^{n} (-1)^{i+j} a_{ij} \det A_{ij} \end{aligned}$$

d'où (2). ∎

2.5. CALCULS PRATIQUES

2.5.3 Déterminant d'une matrice triangulaire

Théorème 21 *Le déterminant d'une matrice triangulaire supérieure est égal au produit de ses coefficients diagonaux, soit :*

$$\begin{vmatrix} a_{11} & a_{12} & \cdots & a_{1n} \\ 0 & a_{22} & \ddots & \vdots \\ \vdots & \ddots & \ddots & a_{n-1,n} \\ 0 & \cdots & 0 & a_{nn} \end{vmatrix} = a_{11} \times a_{22} \times \ldots \times a_{nn}.$$

Preuve — Donnons deux preuves de ce résultat.

Première démonstration — On montre ce résultat par récurrence sur n. La formule est évidente si $n = 1$. Si la formule est acquise au rang $n-1$, il suffit de développer le déterminant selon la première colonne (Théorème 20) pour obtenir :

$$\begin{vmatrix} a_{11} & a_{12} & \cdots & a_{1n} \\ 0 & a_{22} & \ddots & \vdots \\ \vdots & \ddots & \ddots & a_{n-1,n} \\ 0 & \cdots & 0 & a_{nn} \end{vmatrix} = a_{11} \begin{vmatrix} a_{22} & \cdots & a_{2n} \\ \vdots & \ddots & \vdots \\ 0 & \cdots & a_{nn} \end{vmatrix} = a_{11} \times a_{22} \times \ldots \times a_{nn}$$

en appliquant l'hypothèse récurrente au rang $n-1$.

Seconde démonstration — Considérons la matrice :

$$A = \begin{pmatrix} a_{11} & a_{12} & \cdots & a_{1n} \\ 0 & a_{22} & \ddots & \vdots \\ \vdots & \ddots & \ddots & a_{n-1,n} \\ 0 & \cdots & 0 & a_{nn} \end{pmatrix}$$

comme étant la matrice d'un endomorphisme u de $E = \mathbb{R}^n$ rapporté à sa base canonique $e = (e_1, ..., e_n)$. Alors :

$$\begin{cases} u(e_1) = a_{11} e_1 \\ u(e_2) = a_{12} e_1 + a_{22} e_2 \\ \ldots \ldots \\ u(e_n) = a_{1n} e_1 + a_{2n} e_2 + \ldots + a_{nn} e_n. \end{cases}$$

Comme le déterminant est une forme n-linéaire alternée sur E,

$$\begin{aligned} \det A &= \det_e(u(e_1), u(e_2), u(e_3), ..., u(e_n)) \\ &= a_{11} \det_e(e_1, u(e_2), u(e_3), ..., u(e_n)) \\ &= a_{11}a_{22} \det_e(e_1, e_2, u(e_3), ..., u(e_n)) \\ &= ... \\ &= a_{11}a_{22}...a_{nn} \det_e(e_1, e_2, , ..., e_n) \\ &= a_{11}a_{22}...a_{nn}. \blacksquare \end{aligned}$$

Le Théorème 21 montre en particulier que le déterminant d'une matrice diagonale est égal au produit de ses coefficients diagonaux :

$$\begin{vmatrix} \lambda_1 & 0 & \cdots & 0 \\ 0 & \lambda_2 & \ddots & \vdots \\ \vdots & \ddots & \ddots & 0 \\ 0 & \cdots & 0 & \lambda_n \end{vmatrix} = \lambda_1 \times \lambda_2 \times ... \times \lambda_n.$$

Théorème 22 *Le déterminant d'une matrice triangulaire inférieure est égal au produit de ses coefficients diagonaux.*

Preuve — La matrice $A = (a_{ij})_{1 \leq i,j \leq n}$ est dite triangulaire inférieure si $a_{ij} = 0$ dès que $i < j$. On peut recommencer la même démonstration que celle du Théorème 21 mais en développant le déterminant suivant la première ligne cette fois-ci. On peut aussi préférer noter que si A est triangulaire inférieure, alors sa transposée ${}^tA$ est triangulaire supérieure, puis appliquer le Théorème 21 en rappelant que $\det A = \det({}^tA)$. $\blacksquare$

Théorème 23 *Si $A = (a_{ij})_{1 \leq i,j \leq n}$ est une matrice carrée d'ordre n $(n \geq 1)$ telle que $a_{ij} = 0$ dès que $i + j \leq n$, alors :*

$$\det A = \begin{vmatrix} 0 & \cdots & 0 & a_{1n} \\ \vdots & & & \vdots \\ 0 & a_{n-1,2} & \cdots & a_{n-1,n} \\ a_{n1} & a_{12} & \cdots & a_{nn} \end{vmatrix} = (-1)^{\frac{n(n-1)}{2}} \prod_{i=1}^{n} a_{i,n+1-i}.$$

Preuve — On va permuter les lignes de A pour se ramener à une matrice triangulaire supérieure. On peut commencer par appliquer $n - 1$ transpositions pour faire remonter la dernière ligne à la première place. Puis $n - 2$ transpositions pour faire remonter la nouvelle dernière ligne à la seconde place, et

2.5. CALCULS PRATIQUES

ainsi de suite, jusqu'à utiliser une transposition pour faire remonter la nouvelle dernière ligne à la $(n-1)$-ième place.

En tout et pour tout, on a utilisé :

$$(n-1) + (n-2) + \ldots + 3 + 2 + 1 = \frac{n(n-1)}{2}$$

transpositions pour se ramener à une matrice triangulaire supérieure B de déterminant $\prod_{i=1}^{n} a_{i,n+1-i}$. Si σ désigne la composée de ces transpositions, la signature de σ est $\varepsilon(\sigma) = (-1)^{\frac{n(n-1)}{2}}$, et :

$$\det A = \varepsilon(\sigma) \det B = (-1)^{\frac{n(n-1)}{2}} \prod_{i=1}^{n} a_{i,n+1-i}. \blacksquare$$

2.5.4 Déterminant d'une matrice triangulaire par blocs

Théorème 24 *Soient A et B deux matrices carrées de tailles respectives p et q, et C une matrice p lignes, q colonnes. Si O désigne la matrice nulle à q lignes et p colonnes. Alors :*

$$\det \begin{pmatrix} A & C \\ O & B \end{pmatrix} = (\det A) \times (\det B).$$

Preuve — Proposons trois preuves différentes car chacune d'elle est très instructive sur les méthodes que l'on peut employer pour raisonner dans une telle situation.

Première démonstration — Raisonnons par récurrence sur la taille n de la matrice. La propriété est triviale au rang 2 car si a, b, c, d sont des éléments du corps K des coefficients de la matrice :

$$\det \begin{pmatrix} a & c \\ 0 & d \end{pmatrix} = a \times d - 0 \times c = ad.$$

Supposons la propriété vraie jusqu'au rang $n-1$, et considérons une matrice de taille n, de la forme :

$$M = \begin{pmatrix} A & C \\ O & B \end{pmatrix}$$

où A est carrée de taille p, B carrée de taille q (avec $p + q = n$), et où O désigne la matrice nulle. Notons $A = (a_{ij})$ et A_{i1} la sous-matrice de A associée au coefficient a_{i1}.

La matrice A_{i1} est obtenue en supprimant la i-ième ligne et la première colonne de A. De même M_{i1} désignera la matrice obtenue à partir de M en supprimant la i-ième ligne et la première colonne. En développant le déterminant suivant la première colonne, on obtient :

$$\det M = \sum_{i=1}^{p} (-1)^{i+1} a_{i1} \det M_{i1}$$

puisque $a_{i1} = 0$ dès que $i > p$. L'hypothèse récurrente au rang $n-1$ appliquée aux matrices :

$$M_{i1} = \begin{pmatrix} A_{i1} & \# \\ O & B \end{pmatrix}$$

où $1 \leq i \leq p$, donne $\det M_{i1} = \det A_{i1} \det B$, de sorte que :

$$\det M = \left(\sum_{i=1}^{p} (-1)^{i+1} a_{i1} \det A_{i1} \right) \det B = \det A \times \det B,$$

ce qui démontre la propriété au rang n.

Deuxième démonstration — Posons $M = (a_{ij})$. On sait que :

$$\det M = \sum_{\sigma \in \mathfrak{S}_n} \varepsilon(\sigma) \, a_{1\sigma(1)} \ldots a_{n\sigma(n)} \quad (*)$$

Supposons que :

$$M = \begin{pmatrix} A & C \\ O & B \end{pmatrix}$$

avec A de taille p et B de taille q, où $p + q = n$.

Si σ est une permutation de $[\![1, n]\!]$ telle que $\sigma([\![p+1, n]\!]) \not\subseteq [\![p+1, n]\!]$, il existe $i_0 \in [\![p+1, n]\!]$ tel que $\sigma(i_0) \in [\![1, p]\!]$, mais alors $a_{i_0 \sigma(i_0)} = 0$ et le terme $\varepsilon(\sigma) \, a_{1\sigma(1)} \ldots a_{n\sigma(n)}$ est nul. Les seules permutations σ qui interviennent réellement dans la somme $(*)$ vérifient donc :

$$\begin{cases} \sigma([\![1, p]\!]) \subset [\![1, p]\!] \\ \sigma([\![p+1, n]\!]) \subset [\![p+1, n]\!] \end{cases}$$

et s'écrivent $\sigma = \sigma_1 \oplus \sigma_2$, avec $\sigma_1 \in \mathfrak{S}_p$ et $\sigma_2 \in \mathfrak{S}_q$, en posant :

$$\sigma(i) = (\sigma_1 \oplus \sigma_2)(i) = \begin{cases} \sigma_1(i) & \text{si } i \in [\![1, p]\!] \\ \sigma_2(i) & \text{si } i \in [\![p+1, n]\!]. \end{cases}$$

En fait, par commodité, on a écrit $\sigma_2 \in \mathfrak{S}_q$ alors que $\mathfrak{S}_q$ désigne ici le groupe des permutations de l'ensemble $[\![p+1, n]\!]$ et non le groupe symétrique

2.5. CALCULS PRATIQUES

d'ordre q, c'est-à-dire le groupe des permutations de $[\![1,q]\!]$, mais cela n'a aucune incidence sur la suite du raisonnement si ce n'est un décalage d'indices. Alors :

$$\det M = \sum_{\sigma_1 \in \mathfrak{S}_p \text{ et } \sigma_2 \in \mathfrak{S}_q} \varepsilon(\sigma_1 \oplus \sigma_2) a_{1\sigma_1(1)}...a_{p\sigma_1(p)}a_{p+1\sigma_2(p+1)}...a_{n\sigma_2(n)},$$

où $\varepsilon(\sigma_1 \oplus \sigma_2) = (-1)^{n-\omega}$ et où ω désigne le nombre d'orbites de la permutation $\sigma_1 \oplus \sigma_2$. Clairement $\omega = \omega_1 + \omega_2$ où ω_i désigne le nombre d'orbites de σ_i, donc $\varepsilon(\sigma_1 \oplus \sigma_2) = (-1)^{n-\omega} = (-1)^{p-\omega_1}(-1)^{q-\omega_2} = \varepsilon(\sigma_1)\varepsilon(\sigma_2)$. On obtient alors :

$$\det M = \left(\sum_{\sigma_1 \in \mathfrak{S}_p} \varepsilon(\sigma_1) a_{1\sigma_1(1)}...a_{p\sigma_1(p)} \right) \left(\sum_{\sigma_2 \in \mathfrak{S}_q} \varepsilon(\sigma_2) a_{p+1\sigma_2(p+1)}...a_{n\sigma_2(n)} \right)$$

$$= \det A \det B.$$

Troisième démonstration — Soit p la taille de A. Si A n'est pas inversible, il existe une relation de dépendance non triviale entre les vecteurs-colonnes de A, et par conséquent il existera une relation de dépendance du même type entre les p premières colonnes de la matrice :

$$M = \begin{pmatrix} A & C \\ 0 & B \end{pmatrix}.$$

Dans ce cas $\det M = 0 = (\det A)(\det B)$.

Si A est inversible, écrivons :

$$\begin{pmatrix} A & C \\ 0 & B \end{pmatrix} = \begin{pmatrix} A & 0 \\ 0 & I \end{pmatrix} \begin{pmatrix} I & A^{-1}C \\ 0 & B \end{pmatrix}$$

ce qui entraîne :

$$\det M = \det \begin{pmatrix} A & 0 \\ 0 & I \end{pmatrix} \times \det \begin{pmatrix} I & A^{-1}C \\ 0 & B \end{pmatrix}$$

et l'on aura bien $\det M = \det A \det B$ si l'on montre que :

$$\det \begin{pmatrix} A & W \\ 0 & I \end{pmatrix} = \det A \quad \text{et} \quad \det \begin{pmatrix} I & W \\ 0 & B \end{pmatrix} = \det B$$

quelles que soient les matrices W de tailles compatibles. Montrons par exemple que :

$$\det \begin{pmatrix} A & W \\ 0 & I \end{pmatrix} = \det A \quad (\dagger)$$

en raisonnant par récurrence sur la taille de la matrice identité I, l'autre preuve étant similaire.

Si la matrice I est de taille 0 ou 1, la propriété est triviale en développant éventuellement le déterminant suivant la dernière colonne. Si la propriété est vraie au rang $q-1$, et en notant I_q la matrice identité de taille q, il suffit de développer le déterminant suivant la dernière colonne et d'utiliser l'hypothèse récurrente pour obtenir :

$$\det\begin{pmatrix} A & 0 \\ 0 & I_q \end{pmatrix} = \det\begin{pmatrix} A & 0 \\ 0 & I_{q-1} \end{pmatrix} = \det A.$$

On obtient la propriété au rang q. ∎

Remarque — On fera bien attention de ne pas développer le déterminant d'une matrice faite de quatre blocs carrés de la même façon que le déterminant d'une matrice de taille 2. Il existe en effet des matrices carrées A, B, C, D de même taille telles que :

$$\det\begin{pmatrix} A & D \\ B & C \end{pmatrix} \neq (\det A) \times (\det C) - (\det B) \times (\det D)$$

comme on le voit en prenant :

$$\det\begin{pmatrix} 0 & 0 & 0 & 1 \\ 1 & 0 & 0 & 0 \\ 0 & 1 & 0 & 0 \\ 0 & 0 & 1 & 0 \end{pmatrix} = -1$$

et en calculant :

$$\det\begin{pmatrix} 0 & 0 \\ 1 & 0 \end{pmatrix} \times \det\begin{pmatrix} 0 & 0 \\ 1 & 0 \end{pmatrix} - \det\begin{pmatrix} 0 & 1 \\ 0 & 0 \end{pmatrix} \times \det\begin{pmatrix} 0 & 1 \\ 0 & 0 \end{pmatrix} = 0.$$

Le Théorème 24 se généralise par récurrence au cas de matrices triangulaires quelconques de matrices pour donner :

Théorème 25 *Si les matrices A_i sont carrées, alors :*

$$\det\begin{pmatrix} A_1 & \# & & \# \\ 0 & A_2 & & \\ & 0 & \ddots & \# \\ 0 & & 0 & A_n \end{pmatrix} = \prod_{i=1}^{n} \det A_i.$$

En utilisant que le déterminant d'une matrice carrée est égal au déterminant de la transposée de cette matrice, on peut démontrer que les Théorèmes 24 et 25 sont encore vrais si l'on utilise des matrices triangulaires inférieures par blocs.

2.6 Applications

2.6.1 Calcul de l'inverse d'une matrice

Si $A = (a_{ij})_{1\leq i,j\leq n}$ est une matrice carrée d'ordre n, rappelons que le cofacteur de a_{ij} est égal à $(-1)^{i+j} \det A_{ij}$, où A_{ij} est la matrice associée à a_{ij} obtenue à partir de A en supprimant la i-ième ligne et la j-ième colonne de A (Définition 9). Ce cofacteur est noté $\text{cof}(a_{ij})$, de sorte que :

$$\text{cof}(a_{ij}) = (-1)^{i+j} \det A_{ij}.$$

Définition 10 *La matrice des cofacteurs des coefficients de $A = (a_{ij})_{1\leq i,j\leq n}$ est appelée **comatrice de** A, et notée $\text{com}\, A$. Si $A = (a_{ij})_{1\leq i,j\leq n}$, on a donc :*

$$\text{com}\, A = (\text{cof}(a_{ij}))_{1\leq i,j\leq n} = \left((-1)^{i+j} \det A_{ij}\right)_{1\leq i,j\leq n}.$$

Théorème 26 *Une matrice carrée A est inversible si et seulement si son déterminant n'est pas nul, et dans ce cas l'inverse de A est le produit de l'inverse de $\det A$ par la la transposée de la comatrice de A. Autrement dit :*

$$A^{-1} = \frac{1}{\det A} {}^t\text{com}\, A.$$

Preuve — Considérons un espace vectoriel E de dimension n sur K, choisissons une base $e = (e_1, ..., e_n)$ de E, puis considérons l'endomorphisme u de E de matrice $A = (a_{ij})_{1\leq i,j\leq n}$ dans la base e.

On sait que le déterminant de A est égal au déterminant de u (Théorème 12) et que l'endomorphisme u est bijectif si et seulement si $(u(e_1), ..., u(e_n))$ est une base de E, ce qui équivaut d'après le Théorème 13 à $\det_e(u(e_1), ..., u(e_n)) \neq 0$. Comme $\det A = \det_e(u(e_1), ..., u(e_n))$, on peut écrire les équivalences suivantes :

$$\begin{aligned} A \text{ inversible} &\Leftrightarrow u \text{ bijectif} \\ &\Leftrightarrow \det_e(u(e_1), ..., u(e_n)) \neq 0 \\ &\Leftrightarrow \det A \neq 0. \end{aligned}$$

Si A est inversible, calculons le produit de matrices $A \times {}^t\text{com}\, A$. Posons ${}^t\text{com}\, A = (b_{ij})$ et $A \times {}^t\text{com}\, A = (c_{ij})$. On a $b_{ij} = \text{cof}(a_{ji})$ pour tout (i,j) appartenant à $[\![1,n]\!]^2$, et :

$$\forall\, (i,j) \in [\![1,n]\!]^2 \quad c_{ij} = \sum_{k=1}^n a_{ik} b_{kj} = \sum_{k=1}^n a_{ik}\, \text{cof}(a_{jk}).$$

Si $i = j$,
$$c_{ii} = \sum_{k=1}^{n} a_{ik} \operatorname{cof}(a_{ik}) = \det A$$

car on reconnaît le développement de A suivant la i-ième ligne (Théorème 20). Si $i \neq j$, notons M la matrice obtenue à partir de A en remplaçant seulement la j-ième ligne $(a_{j1}, ..., a_{jn})$ par la i-ième ligne $(a_{i1}, ..., a_{in})$ de A. La matrice M possède deux lignes identiques, donc $\det M = 0$, et il suffit de développer ce déterminant suivant la j-ième ligne pour obtenir :

$$\det M = \sum_{k=1}^{n} a_{ik} \operatorname{cof}(a_{jk})$$

de sorte que $\sum_{k=1}^{n} a_{ik} \operatorname{cof}(a_{jk}) = 0$. Ainsi donc :

$$\forall (i, j) \in [\![1, n]\!]^2 \quad c_{ij} = \delta_{ij} \det A$$

où δ_{ij} est le symbole de Kronecker. On en déduit que :

$$A \times {}^{t}\!\operatorname{com} A = \det A \times (\delta_{ij})_{1 \leq i,j \leq n} = \det A \times I$$

où I est la matrice identique d'ordre n, puis que :

$$A^{-1} = \frac{1}{\det A} {}^{t}\!\operatorname{com} A. \blacksquare$$

Exemple — L'inverse d'une matrice de taille 2 est donnée par la formule :

$$\begin{pmatrix} a & c \\ b & d \end{pmatrix}^{-1} = \frac{1}{ad - bc} \begin{pmatrix} d & -c \\ -b & a \end{pmatrix},$$

ce que l'on peut vérifier directement en calculant le produit :

$$\frac{1}{ad - bc} \begin{pmatrix} d & -c \\ -b & a \end{pmatrix} \begin{pmatrix} a & c \\ b & d \end{pmatrix} = \frac{1}{ad - bc} \begin{pmatrix} ad - bc & 0 \\ 0 & ad - bc \end{pmatrix} = \begin{pmatrix} 1 & 0 \\ 0 & 1 \end{pmatrix}.$$

2.6.2 Calcul du rang d'une matrice

Dans ce qui suit, E et F désignent des espaces vectoriels de dimensions finies sur un corps commutatif K, et $\mathcal{M}(n, p)$ représente l'ensemble des matrices à n lignes et p colonnes à coefficients dans K.

Nous allons voir que des calculs de déterminants permettent de déterminer le rang d'une matrice.

2.6. APPLICATIONS

Par définition, le rang d'un système de vecteurs $(x_1, ..., x_m)$ de E est la dimension du sous-espace vectoriel engendré par ce système :

$$\mathrm{rg}\,(x_1, ..., x_m) = \dim \mathrm{Vect}\,(x_1, ..., x_m).$$

Le rang d'une application linéaire u de E dans F est la dimension de l'image de u, ou, ce qui revient au même, le rang de l'image d'une base de E par u. Autrement dit $\mathrm{rg}\,u = \dim \mathrm{Im}\,u = \mathrm{rg}\,(u(e_1), ..., u(e_n))$ où $(e_1, ..., e_n)$ désigne une base quelconque de E. On en déduit que $\mathrm{rg}\,u \leq \mathrm{Min}(\dim E, \dim F)$ et que :

$$u \text{ injective} \Leftrightarrow \mathrm{rg}\,u = \dim E$$
$$u \text{ surjective} \Leftrightarrow \mathrm{rg}\,u = \dim F,$$

ces deux dernières équivalences se démontrant facilement en utilisant la relation $\dim E = \dim \mathrm{Ker}\,u + \mathrm{rg}\,u$.

Rappelons aussi que le rang d'une matrice à coefficients dans K est égal au rang du système formé par les vecteurs-colonnes ou les vecteurs-lignes de la matrice.

Théorème 27 *Soit $M \in \mathcal{M}(n, p)$. Le rang d'une sous-matrice de M est toujours inférieur au rang de M.*

Preuve — Si P est une sous-matrice de M, notons Q la matrice formée par les colonnes de M qui contiennent les colonnes de P comme sous-colonnes.

Comme les vecteurs-colonnes de Q sont aussi des vecteurs-colonnes de M, on a $\mathrm{rg}\,Q \leq \mathrm{rg}\,M$. Mais les vecteurs-lignes de P sont aussi des vecteurs-lignes de Q, donc $\mathrm{rg}\,P \leq \mathrm{rg}\,Q$. Donc $\mathrm{rg}\,P \leq \mathrm{rg}\,Q \leq \mathrm{rg}\,M$. ∎

Définition 11 *Soient $M \in \mathcal{M}(n, p)$ et P une sous-matrice carrée inversible de M d'ordre ρ. On appelle matrice bordante de P toute sous-matrice de M d'ordre $\rho + 1$ qui admet P comme sous-matrice.*

Théorème 28 *Soient $M \in \mathcal{M}(n,p)$ et P une sous-matrice carrée inversible de M d'ordre ρ. Si $\rho < \operatorname{rg} M$, alors au moins une matrice bordante de P est inversible.*

Preuve — Notons $M = (m_{ij})_{i \in [\![1,n]\!], j \in [\![1,p]\!]}$ et $P = (m_{ij})_{I \in I, J \in J}$ où I et J sont des parties de $[\![1,n]\!]$ et $[\![1,p]\!]$ de cardinal ρ.

La matrice $Q = (m_{ij})_{i \in [\![1,n]\!], \, j \in J}$ contient P comme sous-matrice carrée inversible d'ordre ρ, donc :
$$\operatorname{rg} P = \rho \leq \operatorname{rg} Q \leq \rho,$$
et $\operatorname{rg} Q = \rho$.

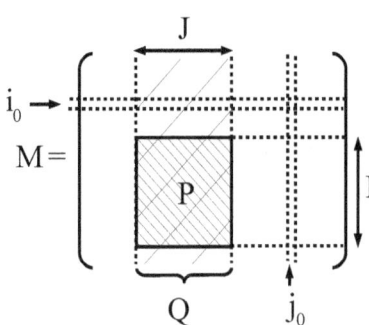

Notons $m_1, m_2, \ldots, m_p$ les vecteurs colonnes de M. Comme $\operatorname{rg} Q = \rho$, le système de vecteurs-colonnes $(m_j)_{j \in J}$ est de rang $\rho < \operatorname{rg} M$, donc il existe $j_0 \in [\![1,p]\!] \setminus J$ tel que $(m_j)_{j \in J \cup \{j_0\}}$ soit un système libre, donc de rang $\rho + 1$.

Notons Q' la matrice dont les vecteurs colonnes sont les vecteurs m_j avec $j \in J \cup \{j_0\}$. On a $\operatorname{rg} Q' = \rho + 1$ et P est une sous-matrice de Q' d'ordre ρ. On recommence le raisonnement avec les vecteurs-lignes de Q' : il existe nécessairement un indice $i_0 \in [\![1,n]\!] \setminus I$ tel que le système de vecteurs-lignes de Q' correspondant aux indices de $I \cup \{i_0\}$ soit de rang $\rho + 1$. La matrice formée de ces vecteurs-lignes borde P tout en étant inversible. ∎

Nous allons énoncer et démontrer trois conséquences des Théorèmes précédents. Les énoncés sont proches mais tous utiles ce qui explique la place qu'on leur donne dans ce cours :

Théorème 29 *Le rang d'une matrice non nulle M de $\mathcal{M}(n,p)$ est égal à l'ordre maximum d'une sous-matrice carrée inversible de M.*

Preuve — L'ensemble des ordres des sous-matrices carrées inversibles de M n'est pas vide (puisqu'une sous-matrice formée d'un coefficient non nul de M est inversible) et majoré par $\operatorname{rg} M$ d'après le Théorème 27, donc admet un plus grand élément ρ tel que $\rho \leq \operatorname{rg} M$. Si l'on avait $\rho < \operatorname{rg} M$, le Théorème 28

2.6. APPLICATIONS

montrerait l'existence d'une matrice carrée bordante inversible d'ordre $\rho + 1$ dans M, ce qui contredit le choix de ρ. Donc $\rho = \mathrm{rg}\, M$. ∎

Théorème 30 *Soit $M \in \mathcal{M}(n,p)$. Alors $\mathrm{rg}\, M = r$ si, et seulement si, il existe une sous-matrice carrée inversible de M d'ordre r dont toutes les matrices carrées bordantes ne sont pas inversibles.*

Preuve — Si $\mathrm{rg}\, M = r$, alors r est l'ordre maximum d'une sous-matrice carrée inversible de M d'après le Théorème 29, donc il existe une sous-matrice carrée inversible de M d'ordre r dont toutes les matrices bordantes ne peuvent pas être inversibles.

Réciproquement, s'il existe une sous-matrice carrée inversible P de M d'ordre r dont toutes les matrices carrées bordantes ne sont pas inversibles, le Théorème 27 donne $\mathrm{rg}\, P = r \leq \mathrm{rg}\, M$, et supposer que $\mathrm{rg}\, P = r < \mathrm{rg}\, M$ est absurde car contredirait le Théorème 28. Donc $\mathrm{rg}\, M = r$. ∎

Théorème 31 *Soit $M \in \mathcal{M}(n,p)$ une matrice de rang r. Soit P une sous-matrice carrée inversible de M. Alors $\mathrm{rg}\, P = r$ si et seulement si toute matrice bordante de P dans M n'est pas inversible.*

Preuve — ($\Rightarrow$) Si $\mathrm{rg}\, P = r$, supposons par l'absurde qu'il existe une matrice invesible P' bordant P dans M. Alors $\mathrm{rg}\, P' = r + 1$, ce qui est absurde car $\mathrm{rg}\, P' \leq r = \mathrm{rg}\, M$ d'après le Théorème 27.

($\Leftarrow$) Raisonnons par l'absurde en supposant que $\mathrm{rg}\, P < r = \mathrm{rg}\, M$. Dans ce cas le Théorème 28 montre l'existence d'au moins une matrice bordante inversible de P dans M, ce qui contredit notre hypothèse de départ. ∎

Exemple 1 — Le Théorème 30 permet de calculer le rang d'une matrice, mais mène souvent à des calculs de déterminants plus long et fastidieux que la simple application de la méthode du pivot de Gauss que l'on décrira plus loin. Par exemple, pour déterminer le rang de la matrice :

$$M = \begin{pmatrix} 1 & 0 & 3 & 4 \\ 5 & -2 & 7 & 4 \\ 0 & 5 & 1 & 21 \\ 8 & 4 & -2 & 22 \end{pmatrix}$$

on commence par voir qu'il existe des sous-matrices inversibles d'ordre 2, ce qui permet d'affirmer que $2 \leq \mathrm{rg}\, M \leq 4$. Ensuite il faut chercher s'il existe un déterminant d'ordre 3 non nul extrait de M. Ici :

$$\begin{vmatrix} 1 & 0 & 3 \\ 5 & -2 & 7 \\ 0 & 5 & 1 \end{vmatrix} = 38.$$

Il faut ensuite calculer le déterminant bordant unique du tableau 3×3 précédent : c'est $\det M$. Un calcul donne $\det M = 0$, donc M est de rang 3.

Exemple 2 — L'utilisation du Théorème 30 est beaucoup plus justifiée quand on doit discuter du rang d'une matrice en fonction d'un paramètre. Cherchons par exemple le rang du système formé par les vecteurs :

$$u = \begin{pmatrix} 2 \\ 1 \\ a \\ -a \\ 1 \end{pmatrix} \; ; \; v = \begin{pmatrix} a \\ -2 \\ a \\ 2a \\ 0 \end{pmatrix} \; ; \; w = \begin{pmatrix} -1 \\ -a \\ a \\ 2 \\ 1 \end{pmatrix}$$

de $\mathbb{R}^5$ suivant la valeur du paramètre a. En calculant le premier déterminant 3×3 extrait de la matrice :

$$M = \begin{pmatrix} 2 & a & -1 \\ 1 & -2 & -a \\ a & a & a \\ -a & 2a & 2 \\ 1 & 0 & 1 \end{pmatrix}$$

dont les colonnes sont u, v, w, on trouve :

$$\Delta = \begin{vmatrix} 2 & a & -1 \\ 1 & -2 & -a \\ a & a & a \end{vmatrix} - a^3 + a^2 - 7a = -a\left(a^2 - a + 7\right).$$

Le polynôme du second degré $a^2 - a + 7$ n'admet pas de racine dans $\mathbb{R}$, donc Δ ne peut s'annuler que lorsque $a = 0$. Si $a \neq 0$, on peut tout de suite affirmer que le rang de M est 3, donc que le système (u, v, w) est libre. Si $a = 0$, la matrice M devient :

$$M = \begin{pmatrix} 2 & 0 & -1 \\ 1 & -2 & 0 \\ 0 & 0 & 0 \\ 0 & 0 & 2 \\ 1 & 0 & 1 \end{pmatrix}$$

et il faut voir si l'on peut trouver des sous-matrices carrées d'ordre 3 de M inversibles. On a :

$$\begin{vmatrix} 2 & 0 & -1 \\ 1 & -2 & 0 \\ 0 & 0 & 2 \end{vmatrix} = -8$$

donc le rang de M est encore 3 lorsque $a = 0$.

2.6.3 Orientation d'un espace vectoriel de dimension finie

L'orientation d'un espace vectoriel E de dimension finie joue un rôle important dans au moins deux cas :

- quand on veut définir la mesure d'un angle orienté (de vecteurs, de demi-droites, ou de droites),

- quand on désire définir le produit vectoriel de deux vecteurs d'un espace de dimension 3, et plus généralement quand on veut définir le produit mixte de n vecteurs dans un espace de dimension n.

Dans ces deux cas, il faut pouvoir juger de la disposition relative des vecteurs d'une base de E, et arriver à distinguer un sens positif d'un sens négatif.

Si la feuille de papier placée devant nous représente un plan vectoriel sur lequel on a dessiné une base $e = (e_1, e_2)$, il faudra décider si l'on passe du premier vecteur de base au second en tournant dans le « bon sens » ou non. Définir un sens de rotation positif, et décider si l'on passe de e_1 à e_2 en tournant dans le bon sens est bien ce que l'on se propose de faire rigoureusement en utilisant des déterminants.

Bien entendu, il n'est pas nécessaire de posséder une définition bien rigoureuse pour affirmer que :

> Dans le plan, le sens direct est le sens antihoraire.

Ou encore pour dire que la base (e_1, e_2) est directe si l'on passe de e_1 à e_2 en tournant dans le sens inverse de celui des aiguilles d'une montre.

Cette définition peu rigoureuse, mais parlante, suffit largement au lycée où l'objectif n'est pas de construire une théorie irréprochable, mais plutôt de donner de bonnes bases et les moyens pour découvrir d'autres notions percutantes, plus porteuse de sens. Vouloir en dire plus devant des élèves aura pour effet de les embrouiller et pourra seulement convaincre certains que les mathématiques compliquent les évidences pour le plaisir. Le niveau où l'on se place est donc important pour savoir ce que l'on enseignera.

Au lycée, une mesure d'angle sera immédiatement associée à l'enroulement d'une certaine droite autour d'un cercle trigonométrique, sans que l'on précise si un tel enroulement a un sens rigoureux, ou si les mesures des angles ainsi définis sont les mêmes quand on change de cercles trigonométriques... Là n'est pas la question.

Récemment, un candidat à l'agrégation interne m'a expliqué qu'un jury d'oral lui avait demandé d'imaginer le plan du tableau dans la salle, et de lui expliquer comment il définissait le sens antihoraire sur ce tableau. Répondre que l'on se met face au tableau et que l'on tourne dans le sens inverse de celui d'une montre que l'on verrait dessinée sur ce tableau ne suffit pas, et le jury aura beau rôle de faire remarquer que quelqu'un situé de l'autre côté du tableau qui appliquerait cette définition orienterait le plan du tableau exactement dans le sens contraire !

En somme, sa culture mathématique serait incomplète si l'on ne disposait pas d'une définition rigoureuse de l'orientation d'un espace vectoriel.

Comme souvent en mathématiques, les constructions difficiles se font à l'aide de classes d'équivalences. Considérons donc un espace vectoriel E de dimension finie n, et notons $\mathcal{B}$ l'ensemble de toutes les bases de E. Si $e = (e_1, .., e_n)$ et $e' = (e'_1, .., e'_n)$ sont des bases de E, notons $P_e^{e'}$ la matrice de passage de e vers e'. Alors :

Théorème 32 *La relation $\mathcal{R}$ définie dans l'ensemble $\mathcal{B}$ en posant :*
$$e \mathcal{R} e' \quad \Leftrightarrow \quad \det P_e^{e'} > 0$$
est une relation d'équivalence, et l'ensemble quotient $\mathcal{B}/\mathcal{R}$ est de cardinal 2.

Preuve — La relation $\mathcal{R}$ est réflexive car $P_e^e = I$. Elle est symétrique, car $e \mathcal{R} e'$ entraîne $\det P_{e'}^e = (\det P_e^{e'})^{-1} > 0$ puisque $P_{e'}^e = (P_e^{e'})^{-1}$, et donc $e' \mathcal{R} e$. Elle est transitive car $e \mathcal{R} e'$ et $e' \mathcal{R} e''$ entraînent :
$$\det P_e^{e''} = \det(P_e^{e'} P_{e'}^{e''}) = \det P_e^{e'} \times \det P_{e'}^{e''} > 0,$$
de sorte que $e\mathcal{R}e''$. La relation $\mathcal{R}$ est bien une relation d'équivalence.

Si $e = (e_1, .., e_n)$ est une base de E, la base $e' = (-e_1, e_2, .., e_n)$ n'est pas en relation $\mathcal{R}$ avec e car :

$$\det P_e^{e'} = \begin{vmatrix} -1 & 0 & 0 & 0 \\ 0 & 1 & 0 & 0 \\ 0 & 0 & \ddots & 0 \\ 0 & 0 & 0 & 1 \end{vmatrix} = -1 < 0,$$

de sorte que l'ensemble quotient $\mathcal{B}/\mathcal{R}$ contient au moins deux éléments : la classe de e et celle de e'. Il est maintenant facile de voir que l'ensemble quotient $\mathcal{B}/\mathcal{R}$ est formé seulement de ces deux éléments : en effet, si la base e'' n'est pas en relation avec e, alors $\det P_{e'}^{e''} = \det P_{e'}^e \det P_e^{e''} > 0$ donc $e'\mathcal{R}e''$. ∎

Orienter le plan est maintenant un jeu d'enfants :

Définition 12 *Deux bases e et e' sont dites de **même orientation** si elles sont en relation suivant $\mathcal{R}$, autrement dit si $e\mathcal{R}e'$. Dans le cas contraire, ces deux bases sont dites **d'orientations contraires**.*

2.6. APPLICATIONS

Définition 13 *Par définition, **orienter** l'espace vectoriel E consiste à choisir l'une des deux classes d'équivalence de $\mathcal{B}/\mathcal{R}$, et décider qu'elle ne contient que des bases **directes** (ou **positives**). On décide aussi de dire que l'autre classe d'équivalence ne contient que des bases **indirectes**, appelées aussi **rétrogrades**, ou **négatives**.*

Comment visualiser deux bases de même orientations en utilisant ces définitions ?

Sur la FIG. 2.1, nous avons dessiné une base $(\vec{i}, \vec{j})$ et nous avons choisi un vecteur $\vec{u} = x\vec{i} + y\vec{j}$ non colinéaire à $\vec{i}$. Les base $(\vec{i}, \vec{j})$ et $(\vec{i}, \vec{u})$ seront alors de même orientation si et seulement si :

$$\det \begin{pmatrix} 1 & x \\ 0 & y \end{pmatrix} = y > 0,$$

autrement dit si la seconde coordonnée de $\vec{u}$ dans la base $(\vec{i}, \vec{j})$ est strictement positive. Cela signifie que, si l'on note I, J et U les points du plan affine tels que $\vec{i} = \overrightarrow{OI}$, $\vec{j} = \overrightarrow{OJ}$ et $\vec{u} = \overrightarrow{OU}$, alors les points J et U appartiennent au même demi-plan de frontière (OI).

De façon intuitive, on voit que $(\vec{i}, \vec{u})$ a même orientation que $(\vec{i}, \vec{j})$ si pour passer de $\vec{i}$ à $\vec{u}$ en tournant autour de l'origine du repère $(O, \vec{i}, \vec{j})$ tout en « tournant le moins possible », on reste dans le demi-plan de frontière (OI) contenant J. On tourne alors dans le sens antihoraire sur la FIG. 2.1, compte tenu du choix de la base $(\vec{i}, \vec{j})$.

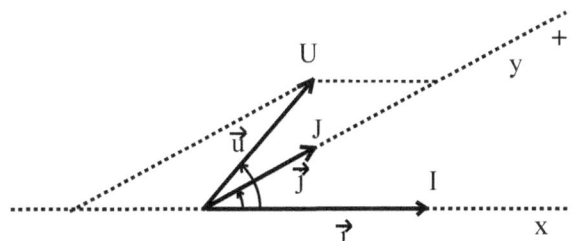

FIG. 2.1 – $(\vec{i}, \vec{j})$ et $(\vec{i}, \vec{u})$ ont même orientation

De façon plus générale, si $(\vec{i}', \vec{j}')$ est une base quelconque du plan, on sait qu'il existe une et une seule rotation r telle que $r(\vec{i}') = (||\vec{i}'||/||\vec{i}||)\vec{i}$. Posons $r(\vec{j}') = \vec{j}_1$ comme sur la FIG. 2.2, et $k = ||\vec{i}'||/||\vec{i}||$. La matrice de r est de la forme :

$$R_\theta = \begin{pmatrix} \cos\theta & -\sin\theta \\ \sin\theta & \cos\theta \end{pmatrix} \quad \text{où } \theta \in \mathbb{R},$$

et R_θ représente la matrice de passage de la base $(\vec{i'},\vec{j'})$ vers la base $(k\vec{i},\vec{j_1})$. Comme $\det R_\theta = 1 > 0$, on déduit que $(\vec{i'},\vec{j'})$ et $(k\vec{i},\vec{j_1})$ ont même orientation, c'est-à-dire :
$$(\vec{i'},\vec{j'})\,\mathcal{R}\,(k\vec{i},\vec{j_1}).$$

Comme :
$$\det P_{(\vec{i},\vec{j_1})}^{(k\vec{i},\vec{j_1})} = \det\begin{pmatrix} k & 0 \\ 0 & 1 \end{pmatrix} = k > 0,$$

on constate que $(\vec{i},\vec{j_1})$ et $(k\vec{i},\vec{j_1})$ ont aussi la même orientation, autrement dit que :
$$(\vec{i},\vec{j_1})\,\mathcal{R}\,(k\vec{i},\vec{j_1}).$$

Par transitivité de la relation $\mathcal{R}$, on conclut à $(\vec{i'},\vec{j'})\,\mathcal{R}\,(\vec{i},\vec{j_1})$, et ce que l'on a dit un peu plus haut montre qu'en notant J_1 le point tel que $\vec{j_1} = \overrightarrow{OJ_1}$:

$(\vec{i},\vec{j})$ et $(\vec{i'},\vec{j'})$ ont même orientation si et seulement si J et J_1 appartiennent au même demi-plan de frontière (OI).

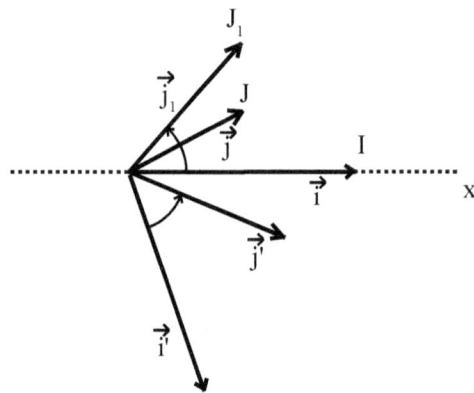

FIG. 2.2 – $(\vec{i},\vec{j})$ et $(\vec{i'},\vec{j'})$ ont même orientation

La FIG. 2.2 montre ce que peut signifier « tourner dans le même sens » pour deux bases $(\vec{i},\vec{j})$ et $(\vec{i'},\vec{j'})$ du plan.

Les propriétés du déterminant permettent d'obtenir facilement d'autres bases directes à partir d'une base directe donnée, en utilisant ce résultat :

Théorème 33 *Soit σ une permutation de $[\![1,n]\!]$. Les bases $e = (e_1,..,e_n)$ et $e_\sigma = (e_{\sigma(1)},..,e_{\sigma(n)})$ ont même orientation si et seulement si la signature $\varepsilon(\sigma)$ de σ vaut 1.*

2.6. APPLICATIONS

Preuve — Le déterminant $\det_f$ pris dans une base f vérifie :
$$\det_f\left(e_{\sigma(1)},..,e_{\sigma(n)}\right) = \varepsilon\left(\sigma\right)\det_f\left(e_1,..,e_n\right)$$
donc si $f = e$ on obtient $\det P_e^{e_\sigma} = \varepsilon(\sigma)$, et l'on aura $\det P_e^{e_\sigma} > 0$ si et seulement si $\varepsilon(\sigma) = 1$. ∎

Exemple — En dimension 3, si la base $e = (e_1, e_2, e_3)$ est directe, alors les bases (e_1, e_2, e_3), (e_2, e_3, e_1), et (e_3, e_1, e_2) sont directes, tandis que les bases (e_2, e_1, e_3), (e_3, e_2, e_1), (e_1, e_3, e_2) sont indirectes. En dimension 3 toujours, la règle du petit bonhomme d'Ampère, appelée aussi règle du tire-bouchon ou règle des trois doigts, permet de savoir rapidement si une base orthonormale est directe ou non.

Dans l'espace de dimension 3, orienter un plan P revient à orienter une droite D qui n'est pas contenue dans ce plan, ce qui est plus facile à réaliser. Le lien entre les orientations de P et de D est donné par la définition suivante :

Définition 14 *Dans un espace orienté de dimension 3, les orientations d'une droite D et d'un plan P (ne contenant pas D) sont **compatibles** s'ils sont respectivement orientés par un vecteur i et par une base (j, k) tels que (i, j, k) soit une base directe de E. Cela équivaut à dire que (j, k, i) est directe.*

On notera bien que cette définition a un sens uniquement parce qu'elle ne dépend pas des bases que l'on a choisies pour orienter D et P. En effet, si D est orientée par $\vec{i}$ et aussi par $\vec{i'}$, et si P est orientée par (j, k) et aussi par (j', k'), alors les bases (i, j, k) et (i', j', k') sont de même sens, comme on le voit en écrivant :

$$\det P_{(i,j,k)}^{(i',j',k')} = \det_{(i,j,k)}(i',j',k') = \begin{vmatrix} P_i^{i'} & 0 & 0 \\ 0 & & \\ 0 & & P_{(j,k)}^{(j',k')} \end{vmatrix}$$
$$= \det P_i^{i'} \cdot \det P_{(j,k)}^{(j',k')} > 0.$$

Dans un plan vectoriel euclidien, la donnée d'un angle vecteurs équivaut à la donnée d'une rotation vectorielle r, ce que l'on dit de façon plus précise dans le cours en énonçant que le groupe additif $(\mathcal{A}, +)$ des angles orientés de vecteurs est isomorphe au groupe spécial orthogonal $(SO(E), \circ)$ formé des rotations planes.

On pourra définir la mesure d'un angle si l'on sait définir la mesure de la rotation qui lui est associée. Mais voilà, si r est une rotation plane, la matrice

de r dans une base orthonormale $e = (e_1, e_2)$ du plan euclidien E est de la forme :
$$R_\theta = \begin{pmatrix} \cos\theta & -\sin\theta \\ \sin\theta & \cos\theta \end{pmatrix}$$
mais θ n'est pas unique modulo 2π. Le Théorème suivant joue un rôle fondamental dans la définition des mesures d'angles orientés :

Théorème 34 *Soit r une rotation de matrice R_θ dans une base orthonormale e du plan E. Soit e' une autre base orthonormale.*
  1) Si e et e' ont même orientation, alors $\mathrm{Mat}\,(r; e') = R_\theta$,
  2) Si e et e' sont d'orientations contraires, alors $\mathrm{Mat}\,(r; e') = R_{-\theta}$.

Preuve — 1) La matrice de passage $P_e^{e'}$ est un matrice de rotation. Notons-là $P_e^{e'} = R_\alpha$. On aura $\mathrm{Mat}\,(r; e') = R_\alpha^{-1} R_\theta R_\alpha = R_\theta$ puisque le groupe $\mathrm{SO}\,(2)$ est commutatif.

2) Si e et e' sont d'orientations contraires, la matrice de passage $P_e^{e'}$ de e vers e' est une matrice orthogonale autre qu'une matrice de rotation. Le cours de géométrie nous montre que c'est une matrice de réflexion du type :
$$P_e^{e'} = S_\alpha = \begin{pmatrix} \cos\alpha & \sin\alpha \\ \sin\alpha & -\cos\alpha \end{pmatrix}.$$
Mais alors :
$$\mathrm{Mat}\,(r; e') = S_\alpha^{-1} R_\theta S_\alpha = S_\alpha R_\theta S_\alpha = (S_\alpha R_\theta)^2 R_\theta^{-1} = R_\theta^{-1} = R_{-\theta}$$
puisque la matrice $S_\alpha R_\theta$ est celle d'une réflexion, et qu'une réflexion est involutive. ∎

Le Théorème 34 montre qu'à une rotation r on saura associer un et un seul réel θ modulo 2π si :

• On oriente le plan E, c'est-à-dire on choisit la classe des bases que l'on appellera directes.

• On détermine la matrice de r dans une base directe e de E. Cette matrice sera toujours la même quelle que soit la base directe que l'on aura choisie, et elle est de la forme :
$$\mathrm{Mat}\,(r; e) = \begin{pmatrix} \cos\theta & -\sin\theta \\ \sin\theta & \cos\theta \end{pmatrix}.$$

• On décide de dire que le réel θ est une mesure modulo 2π de la rotation r, et aussi une mesure de l'angle orienté associé à r.

On notera que changer l'orientation du plan revient à changer la mesure d'un angle en son opposé. C'est ce que montre le Théorème 34 et qui correspond bien à notre idée de « tourner dans le bon sens ».

2.6.4 Résultants et discriminants

Cette section peut être sautée en première lecture, et même ignorée si l'on prépare le CAPES. Il s'agit d'une application (plutôt difficile) des déterminants à l'élaboration de deux critères calculatoires : le premier pour savoir si deux polynômes ont une racine commune, le second pour déterminer si un polynôme possède une racine double.

Cette section doit être comprise comme un approfondissement et un entraînement à l'utilisation des propriétés des déterminants qui, comme nous nous apercevrons très vite, joueront un rôle fondamental dans toutes les démonstrations qui seront présentées.

Considérons deux polynômes :

$$f(z) = a_n z^n + ... + a_0 \quad \text{et} \quad g(z) = b_m z^m + ... + b_0$$

à coefficients complexes, non constants, et de degrés respectifs n et m. Nous allons exploiter le résultat suivant :

Théorème 35 *Les polynômes f et g possèdent au moins une racine en commun si, et seulement si, il existe des polynômes non nuls f_1 et g_1 tels que :*

$$g_1 f = f_1 g ; \quad \deg f_1 < \deg f \quad \text{et} \quad \deg g_1 < \deg g.$$

Preuve — Si f et g possèdent une racine commune a, il existe deux polynômes f_1 et g_1 tels que $f(z) = (z-a) f_1(z)$ et $g(z) = (z-a) g_1(z)$, de sorte que :

$$g_1(z) f(z) = (z-a) f_1(z) g_1(z) = f_1(z) g(z)$$

avec $\deg f_1 < \deg f$ et $\deg g_1 < \deg g$.

Réciproquement, s'il existe des polynômes f_1 et g_1 tels que $g_1 f = f_1 g$, avec $\deg f_1 < \deg f$ et $\deg g_1 < \deg g$, et si l'on suppose par l'absurde que f et g n'ont pas de racine en commun, alors f et g sont premiers entre eux et le théorème de Gauss montre que f divise f_1, ce qui est impossible puisque $\deg f_1 < \deg f$. ∎

Définition 15 *On appelle **déterminant de Sylvester** de f et g, ou **résultant** du couple (f,g), et l'on note $\mathrm{Res}(f,g)$, le déterminant de la matrice* *carrée de taille $n+m$ suivante :*

$$M = \begin{pmatrix} a_n & 0 & & 0 & b_m & 0 & & 0 \\ a_{n-1} & a_n & & & b_{m-1} & b_m & & \\ \vdots & a_{n-1} & \ddots & 0 & \vdots & b_{m-1} & \ddots & 0 \\ a_0 & \vdots & & a_n & b_0 & & & b_m \\ 0 & a_0 & & a_{n-1} & 0 & b_0 & & b_{m-1} \\ & & \ddots & \vdots & & & \ddots & \vdots \\ 0 & & 0 & a_0 & 0 & & 0 & b_0 \end{pmatrix}$$

dont les m premières colonnes contiennent des 0 ou des coefficients de $f(x)$, et dont les n dernières colonnes contiennent des 0 ou des coefficients de $g(x)$.

Par exemple, si l'on prend $f(x) = (x-1)(x-2)(x-5) = x^3 - 8x^2 + 17x - 10$ et $g(x) = (x-1)(x-3) = x^2 - 4x + 3$, on obtient :

$$\text{Res}(f, g) = \begin{vmatrix} 1 & 0 & 1 & 0 & 0 \\ -8 & 1 & -4 & 1 & 0 \\ 17 & -8 & 3 & -4 & 1 \\ -10 & 17 & 0 & 3 & -4 \\ 0 & -10 & 0 & 0 & 3 \end{vmatrix}$$

et un calcul donne $\text{Res}(f, g) = 0$, ce qui n'étonnera pas à la lumière du résultat suivant :

Théorème 36 *Deux polynômes f et g de $\mathbb{C}[X]$ possèdent au moins une racine en commun si et seulement si $\text{Res}(f, g) = 0$.*

Preuve — Affirmer l'existence de deux polynômes $f_1(z) = v_{n-1}z^{n-1} + ... + v_0$ et $g_1(z) = u_{m-1}z^{m-1} + ... + u_0$ non nuls tels que $g_1 f = f_1 g$ revient à affirmer l'existences de deux suites $(u_{m-1}, .., u_0)$ et $(v_{n-1}, ..., v_0)$ non identiquement nulles de nombres complexes telles que :

$$(u_{m-1}z^{m-1} + ... + u_0)(a_n z^n + ... + a_0) = (v_{n-1}z^{n-1} + ... + v_0)(b_m z^m + ... + b_0)$$

c'est-à-dire telles que :

$$\forall k \in [\![0, n+m-1]\!] \quad \sum_{i=0}^{k} a_{k-i} u_i = \sum_{i=0}^{k} b_{k-i} v_i$$

en faisant la convention de poser $u_s = 0$ si $s \notin [\![0, m]\!]$, $a_s = 0$ si $s \notin [\![0, n]\!]$, et ainsi de suite. On peut prendre la peine de ré-écrire toutes ces égalités sous la

2.6. APPLICATIONS

forme d'un énorme système :

$$\begin{cases} a_n u_{m-1} = b_m v_{n-1} \\ a_{n-1} u_{m-1} + a_n u_{m-2} = b_{m-1} v_{n-1} + b_m v_{n-2} \\ a_{n-2} u_{m-1} + a_{n-1} u_{m-2} + a_n u_{m-3} = b_{m-2} v_{n-1} + b_{m-1} v_{n-2} + b_m v_{n-3} \\ \ldots\ldots\ldots \\ a_0 u_0 = b_0 v_0. \end{cases}$$

Dans ce système, les coefficients a_0, ..., a_n, b_0, ..., b_m sont connus, et les inconnues correspondent aux coefficients des suites $(u_{m-1},..,u_0)$ et $(v_{n-1},...,v_0)$. Par conséquent, affirmer que f et g possèdent au moins une racine commune revient à affirmer que le système :

$$\begin{pmatrix} a_n & 0 & & 0 & b_m & 0 & & 0 \\ a_{n-1} & a_n & & & b_{m-1} & b_m & & \\ \vdots & a_{n-1} & \ddots & 0 & \vdots & b_{m-1} & \ddots & 0 \\ a_0 & \vdots & & a_n & b_0 & & & b_m \\ 0 & a_0 & & a_{n-1} & 0 & b_0 & & b_{m-1} \\ & \ddots & & \vdots & & & \ddots & \vdots \\ 0 & & 0 & a_0 & 0 & & 0 & b_0 \end{pmatrix} \begin{pmatrix} u_{m-1} \\ \vdots \\ u_0 \\ -v_{n-1} \\ \vdots \\ -v_0 \end{pmatrix} = 0.$$

admet une solution $(u_{m-1}, ..., u_0, -v_{n-1}, ..., -v_0)$ non triviale. Comme il s'agit d'un système homogène qui possède toujours la solution nulle, cela revient à dire qu'il ne s'agit pas d'un système de Cramer, autrement dit que son déterminant $\text{Res}(f, g)$ est nul. ∎

On pose aussi :

Définition 16 *Si f est un polynôme de $\mathbb{C}[X]$ de degré ≥ 2, le **discriminant** de f, noté $\text{Dis}(f)$, est le nombre :*

$$\text{Dis}(f) = (-1)^{\frac{n(n-1)}{2}} \frac{\text{Res}(f, f')}{a_n}.$$

Théorème 37 *Un polynôme $f \in \mathbb{C}[X]$ de degré ≥ 2 possède une racine multiple si, et seulement si, son discriminant est nul.*

Preuve — On applique le critère donné au Théorème 36 pour écrire les équivalences :

$$\begin{aligned} \text{Dis}(f) = 0 &\Leftrightarrow \text{Res}(f, f') = 0 \\ &\Leftrightarrow f \text{ et } f' \text{ ont une racine commune} \\ &\Leftrightarrow f \text{ possède une racine multiple.} \quad \blacksquare \end{aligned}$$

Exemple 1 — Calculons le discriminant d'un polynôme du second degré. Si $f(z) = az^2 + bz + c$, alors $f'(z) = 2az + b$ donc :

$$\operatorname{Res}(f, f') = \begin{vmatrix} a & 2a & 0 \\ b & b & 2a \\ c & 0 & b \end{vmatrix}$$

et il suffit de développer ce déterminant suivant la première ligne pour obtenir :

$$\begin{aligned} \operatorname{Res}(f, f') &= a \begin{vmatrix} b & 2a \\ 0 & b \end{vmatrix} - 2a \begin{vmatrix} b & 2a \\ c & b \end{vmatrix} \\ &= ab^2 - 2a(b^2 - 2ac) \\ &= -ab^2 + 4a^2 c. \end{aligned}$$

On retrouve le discriminant bien connu :

$$\operatorname{Dis}(f) = -\frac{\operatorname{Res}(f, f')}{a} = b^2 - 4ac.$$

Exemple 2 — Calculons le discriminant du polynôme $f(z) = z^3 + pz + q$. Ici $f'(z) = 3z^2 + p$ et :

$$\operatorname{Res}(f, f') = \begin{vmatrix} 1 & 0 & 3 & 0 & 0 \\ 0 & 1 & 0 & 3 & 0 \\ p & 0 & p & 0 & 3 \\ q & p & 0 & p & 0 \\ 0 & q & 0 & 0 & p \end{vmatrix}.$$

En développant chaque fois les déterminants suivant la première ligne :

$$\begin{aligned} \operatorname{Res}(f, f') &= \begin{vmatrix} 1 & 0 & 3 & 0 \\ 0 & p & 0 & 3 \\ p & 0 & p & 0 \\ q & 0 & 0 & p \end{vmatrix} + 3 \begin{vmatrix} 0 & 1 & 3 & 0 \\ p & 0 & 0 & 3 \\ q & p & p & 0 \\ 0 & q & 0 & p \end{vmatrix} \\ &= \begin{vmatrix} p & 0 & 3 \\ 0 & p & 0 \\ 0 & 0 & p \end{vmatrix} + 3 \begin{vmatrix} 0 & p & 3 \\ p & 0 & 0 \\ q & 0 & p \end{vmatrix} - 3 \begin{vmatrix} p & 0 & 3 \\ q & p & 0 \\ 0 & 0 & p \end{vmatrix} + 9 \begin{vmatrix} p & 0 & 3 \\ q & p & 0 \\ 0 & q & p \end{vmatrix}. \end{aligned}$$

On calcule ensuite :

$$\begin{vmatrix} p & 0 & 3 \\ 0 & p & 0 \\ 0 & 0 & p \end{vmatrix} = p^3 \,; \quad \begin{vmatrix} 0 & p & 3 \\ p & 0 & 0 \\ q & 0 & p \end{vmatrix} = -p \begin{vmatrix} p & 0 \\ q & p \end{vmatrix} + 3 \begin{vmatrix} p & 0 \\ q & 0 \end{vmatrix} = -p^3 \,;$$

2.6. APPLICATIONS

$$\begin{vmatrix} p & 0 & 3 \\ q & p & 0 \\ 0 & 0 & p \end{vmatrix} = p \begin{vmatrix} p & 0 \\ q & p \end{vmatrix} = p^3 \;;$$

$$\begin{vmatrix} p & 0 & 3 \\ q & p & 0 \\ 0 & q & p \end{vmatrix} = p \begin{vmatrix} p & 0 \\ q & p \end{vmatrix} + 3 \begin{vmatrix} q & p \\ 0 & q \end{vmatrix} = p^3 + 3q^2.$$

Par suite :

$$\begin{aligned} \operatorname{Res}(f, f') &= p^3 - 3p^3 - 3p^3 + 9(p^3 + 3q^2) \\ &= 4p^3 + 27q^2. \end{aligned}$$

Ici $a_n = 1$ et $n = 3$ donc :

$$\operatorname{Dis}(f) = (-1)^{\frac{n(n-1)}{2}} \frac{\operatorname{Res}(f, f')}{a_n} = -\left(4p^3 + 27q^2\right).$$

Théorème 38 *Si $f(z) = a_n z^n + \ldots + a_0$ et $g(z) = b_m z^m + \ldots + b_0$ sont deux polynômes à coefficients complexes, non constants, de degrés n et m, alors :*

(1) $\operatorname{Res}(g, f) = (-1)^{mn} \operatorname{Res}(f, g)$,

(2) $\forall \lambda, \mu \in \mathbb{C} \quad \operatorname{Res}(\lambda f, \mu g) = \lambda^m \mu^n \operatorname{Res}(f, g)$.

Preuve — (1) Posons $\operatorname{Res}(g, f) = \det N$ et $\operatorname{Res}(f, g) = \det M$ où les matrices N et M sont écrites :

$$\begin{cases} N = [c_1, \ldots, c_n, c_{n+1}, \ldots, c_{n+m}] \\ M = [c_{n+1}, \ldots, c_{n+m}, c_1, \ldots, c_n] \end{cases}$$

en fonction de leurs vecteurs-colonnes, la matrice M étant celle donnée dans la Définition 15. On passe de N à M en faisant m permutations circulaires :

$$[c_1, \ldots, c_n, c_{n+1}, \ldots, c_{n+m}] \rightsquigarrow [c_{n+m}, c_1, \ldots, c_n, c_{n+1}, \ldots, c_{n+m-1}]$$
$$\rightsquigarrow [c_{n+m-1}, c_{n+m}, c_1, \ldots, c_n, c_{n+1}, \ldots, c_{n+m-2}]$$
$$\rightsquigarrow \ldots \rightsquigarrow [c_{n+1}, \ldots, c_{n+m}, c_1, \ldots, c_n]$$

soit en utilisant une permutation σ de $[\![1, n+m]\!]$ produit de ces permutations circulaires. Chacune de ces permutations circulaires est de signature $(-1)^{n+m-1}$, la signature de σ sera $\varepsilon(\sigma) = [(-1)^{n+m-1}]^m = (-1)^{mn}$. Comme un déterminant est une forme multilinéaire alternée :

$$\operatorname{Res}(g, f) = \det N = (-1)^{mn} \det M = (-1)^{mn} \operatorname{Res}(f, g).$$

(2) Posons $\text{Res}(f,g) = \det M = \det[c_1, ..., c_m, c_{m+1}, ..., c_{m+n}]$. Alors :

$$\begin{aligned}
\text{Res}(\lambda f, \mu g) &= \det[\lambda c_1, ..., \lambda c_m, \mu c_{m+1}, ..., \mu c_{m+n}] \\
&= \lambda^m \mu^n \det[c_1, ..., c_m, c_{m+1}, ..., c_{m+n}] \\
&= \lambda^m \mu^n \text{Res}(f,g). \blacksquare
\end{aligned}$$

Théorème 39 *Soient $f(z) = a_n z^n + ... + a_0$ et $g(z) = b_m z^m + ... + b_0$ deux polynômes à coefficients complexes, non constants, de degrés n et m. Soit $\mathbb{C}_d[z]$ l'espace des polynômes de degré $\leq d$ à coefficients dans $\mathbb{C}$. Si Ψ désigne l'application linéaire :*

$$\begin{aligned}
\Psi : \mathbb{C}_{m-1}[z] \times \mathbb{C}_{n-1}[z] &\to \mathbb{C}_{n+m-1}[z] \\
(U,V) &\mapsto Uf + Vg,
\end{aligned}$$

alors $\text{Res}(f,g) = \det \Psi$.

Preuve — On sait que $\text{Res}(f,g) = \det M$ où M est la matrice décrite dans la Définition 15. Tout revient donc à montrer que $M = \text{Mat}(\Psi; \mathcal{B}, \mathcal{B}')$, où $\text{Mat}(\Psi; \mathcal{B}, \mathcal{B}')$ désigne la matrice de l'application linéaire Ψ dans les bases $\mathcal{B}$ au départ et $\mathcal{B}'$ à l'arrivée, où :

$\mathcal{B} = \left((z^{m-1}, 0), ..., (1,0), (0, z^{n-1}), ... (0,1)\right) = $ base de $\mathbb{C}_{m-1}[z] \times \mathbb{C}_{n-1}[z]$,

$\mathcal{B}' = \left(z^{n+m-1}, ..., 1\right) = $ base de $\mathbb{C}_{n+m-1}[z]$.

Posons $U = u_{m-1} z^{m-1} + ... + u_0$ et $V = v_{n-1} z^{n-1} + ... + v_0$. Le produit $\Psi(U,V) = Uf + Vg$ est égal à :

$$(u_{m-1} z^{m-1} + ... + u_0)(a_n z^n + ... + a_0) + (v_{n-1} z^{n-1} + ... + v_0)(b_m z^m + ... + b_0)$$

qui, une fois développé, nous donne les coordonnées de $\Psi(U,V)$ dans la base $\mathcal{B}' = \left(z^{n+m-1}, ..., 1\right)$. Ces coordonnées s'écrivent :

$$\begin{pmatrix} a_n & 0 & & 0 & b_m & 0 & & 0 \\ a_{n-1} & a_n & & & b_{m-1} & b_m & & \\ \vdots & a_{n-1} & \ddots & 0 & \vdots & b_{m-1} & \ddots & 0 \\ a_0 & \vdots & & a_n & b_0 & & & b_m \\ 0 & a_0 & & a_{n-1} & 0 & b_0 & & b_{m-1} \\ & & \ddots & \vdots & & & \ddots & \vdots \\ 0 & & 0 & a_0 & 0 & & 0 & b_0 \end{pmatrix} \begin{pmatrix} u_{m-1} \\ \vdots \\ u_0 \\ v_{n-1} \\ \vdots \\ v_0 \end{pmatrix}$$

2.6. APPLICATIONS

c'est-à-dire :

$$M \begin{pmatrix} u_{m-1} \\ \vdots \\ u_0 \\ v_{n-1} \\ \vdots \\ v_0 \end{pmatrix}$$

de sorte que la matrice de Ψ dans les bases $\mathcal{B}$ au départ et $\mathcal{B}'$ à l'arrivée soit $\text{Mat}(\Psi; \mathcal{B}, \mathcal{B}') = M$.

Autre preuve possible — On peut exprimer les images par Ψ des vecteurs de la base $\mathcal{B}$ dans la base $\mathcal{B}'$. Comme :

$\Psi\left(z^{m-1}, 0\right) = z^{m-1} f(z) = z^{m-1} \left(a_n z^n + ... + a_0\right) = a_n z^{n+m-1} + ... + a_0 z^{m-1}$
$\Psi\left(z^{m-2}, 0\right) = z^{m-2} f(z) = z^{m-2} \left(a_n z^n + ... + a_0\right) = a_n z^{n+m-2} + ... + a_0 z^{m-2}$
....
$\Psi(1, 0) = f(z) = a_n z^n + ... + a_0$
$\Psi\left(0, z^{n-1}\right) = z^{n-1} g(z) = z^{n-1}(b_m z^m + ... + b_0) = b_m z^{n+m-1} + ... + b_0 z^{n-1}$
$\Psi\left(0, z^{n-2}\right) = z^{n-2} g(z) = z^{n-2}(b_m z^m + ... + b_0) = b_m z^{n+m-2} + ... + b_0 z^{n-2}$
....
$\Psi(0, 1) = g(z) = b_m z^m + ... + b_0$

on constate que $\text{Mat}(\Psi; \mathcal{B}, \mathcal{B}') = M$. ∎

Le Théorème 39 permet de déduire le résultat suivant :

Théorème 40 *Si $f(z) = a_n z^n + ... + a_0$ et $g(z) = b_m z^m + ... + b_0$ sont deux polynômes à coefficients complexes, non constants, de degrés n et m, alors il existe $U \in \mathbb{C}_{m-1}[z]$ et $V \in \mathbb{C}_{n-1}[z]$ tels que $Uf + Vg = \text{Res}(f, g)$.*

Preuve — Soit Ψ l'application linéaire définie au Théorème 39.

Si $\text{Res}(f, g) \neq 0$, alors $\det \Psi = \text{Res}(f, g) \neq 0$ et Ψ sera un isomorphisme d'espaces vectoriels. Comme $\text{Res}(f, g)$ est un polynôme constant de $\mathbb{C}_{n+m-1}[z]$, il existera (U, V) tels que $\Psi(U, V) = \text{Res}(f, g)$.

Si $\text{Res}(f, g) = 0$, alors $\det \Psi = \text{Res}(f, g) = 0$ et $\text{Ker } \Psi \neq \{0\}$. Il existe donc un vecteur (U, V) non nul tel que $\Psi(U, V) = 0 = \text{Res}(f, g)$. ∎

On aura besoin du résultat suivant pour démontrer le Théorème 42 :

Théorème 41 *Soit (f) l'idéal engendré par f dans $\mathbb{C}[z]$. L'espace vectoriel quotient $E = \mathbb{C}[z]/(f)$ est muni de sa base canonique $\mathcal{B}'' = (\dot{z}^{n-1}, \dot{z}^{n-2}, ..., \dot{1})$. On définit l'application linéaire :*

$$\Psi_g: E \to E$$
$$\dot{V} \mapsto \dot{Vg}$$

Alors $\mathrm{Res}\,(f,g) = a_n^m \det \Psi_g$.

Preuve — On a $\mathrm{Res}\,(f,g) = \det \Psi = \det_{\mathcal{B}'}\left(z^{m-1}f, ..., f, z^{n-1}g, ..., g\right)$ d'après le Théorème 39. Soit r_i le reste de la division euclidienne de $z^i g$ par f. On a :

$$z^i g = q_i f + r_i \quad \text{avec} \quad \deg r_i < n,$$

et l'on peut écrire :

$$\begin{aligned}
\mathrm{Res}\,(f,g) &= \det_{\mathcal{B}'}\left(z^{m-1}f, ..., f, q_{n-1}f + r_{n-1}, ..., q_0 f + r_0\right) \\
&= \det_{\mathcal{B}'}\left(z^{m-1}f, ..., f, r_{n-1}, ..., r_0\right)
\end{aligned}$$

puisque chacun des vecteurs $q_i f + r_i$ est combinaison linéaire des vecteurs $z^{m-1}f, ..., f$ (puisque $\deg q_i \leq m + i - n \leq m - 1$ chaque $q_i f$ s'écrit sous la forme $q_i f = \sum_{j=1}^{m-1} c_{ij} z^j f$ avec des coefficients c_{ij} convenables dans $\mathbb{C}$).

Par ailleurs les colonnes de la matrice $B = \mathrm{Mat}\,(\Psi_g; \mathcal{B}'')$ sont les coordonnées des vecteurs :

$$\Psi_g(\dot{z}^i) = \dot{z^i g} = \dot{r}_i$$

dans la base $\mathcal{B}''$. Par conséquent :

$$\mathrm{Res}\,(f,g) = \det \begin{pmatrix} a_n & & & O \\ & \ddots & & \\ & & a_n & \\ & \# & & B \end{pmatrix} = a_n^m \det B = a_n^m \det \Psi_g. \blacksquare$$

Théorème 42 *Les affirmations suivantes sont vraies :*

(1) Si $\alpha \in \mathbb{C}$ et $g \in \mathbb{C}[z] \backslash \mathbb{C}$, alors $\mathrm{Res}\,(z - \alpha, g) = g(\alpha)$.

(2) $\mathrm{Res}\,(f, gh) = \mathrm{Res}\,(f, g)\,\mathrm{Res}\,(f, h)$ quels que soient les polynômes non constants f, g, h de $\mathbb{C}[z]$.

(3) Si $f(z) = a_n(z - \alpha_1)...(z - \alpha_n)$ et $g(z) = b_m(z - \beta_1)...(z - \beta_m)$, alors :

$$\mathrm{Res}\,(f,g) = a_n^m g(\alpha_1)...g(\alpha_n) = a_n^m b_m^n \prod_{\substack{1 \leq i \leq n \\ 1 \leq j \leq m}} (\alpha_i - \beta_j).$$

(4) Si $\deg f \geq 2$ et $f(z) = a_n(z - \alpha_1)...(z - \alpha_n)$, alors :

$$\mathrm{Dis}\,(f) = a_n^{2n-2} \prod_{i<j} (\alpha_i - \alpha_j)^2.$$

2.6. APPLICATIONS

Preuve — (1) Ici $a_n = 1$, $f = z - \alpha$ et $E = \mathbb{C}[z]/(z-\alpha) \simeq \mathbb{C}$. Le Théorème 41 montre que $\operatorname{Res}(z-\alpha, g) = \det \Psi_g$ avec :

$$\Psi_g : E \simeq \mathbb{C} \to E$$
$$\dot{V} \mapsto \dot{Vg}.$$

Comme $\Psi_g(\dot{1}) = \dot{g}$ et $g(z) = (z-\alpha)q(z) + r(z)$ avec $r(z) = g(\alpha)$, la matrice de Ψ_g sera $(g(\alpha))$ et $\operatorname{Res}(z-\alpha, g) = \det \Psi_g = g(\alpha)$.

(2) Le Théorème 41 permet d'écrire :

$$\begin{cases} \operatorname{Res}(f, gh) = a_n^{m+p} \det \Psi_{gh} \\ \operatorname{Res}(f, g) = a_n^m \det \Psi_g \\ \operatorname{Res}(f, h) = a_n^p \det \Psi_h \end{cases}$$

en posant $\deg h = p$. On a :

$$\Psi_{gh}(\dot{V}) = \dot{Vgh} = \Psi_h(\dot{Vg}) = \Psi_h \circ \Psi_g(\dot{V})$$

pour toute $\dot{V}$ appartenant à E, donc $\Psi_{gh} = \Psi_h \circ \Psi_g$. On en déduit que $\det \Psi_{gh} = (\det \Psi_g)(\det \Psi_h)$ et :

$$\begin{aligned} \operatorname{Res}(f, gh) &= a_n^{m+p} \det \Psi_{gh} \\ &= (a_n^m \det \Psi_g) \times (a_n^p \det \Psi_h) \\ &= \operatorname{Res}(f, g) \times \operatorname{Res}(f, h). \end{aligned}$$

(3) Montrons la formule $\operatorname{Res}(f, g) = a_n^m g(\alpha_1)...g(\alpha_n)$ par récurrence sur n. Si $n = 1$, $f(z) = a_1(z - \alpha_1)$ et :

$$\operatorname{Res}(a_1(z - \alpha_1), g) = a_1^m \operatorname{Res}(z - \alpha_1, g) = a_1^m g(\alpha_1).$$

Au rang n, si $f(z) = a_n(z - \alpha_1)...(z - \alpha_n)$, les assertions (1) et (2) ainsi que l'application de l'hypothèse récurrente au rang $n-1$ permettent d'écrire :

$$\begin{aligned} \operatorname{Res}(f, g) &= \operatorname{Res}(a_n(z-\alpha_1)...(z-\alpha_{n-1}), g) \times \operatorname{Res}((z-\alpha_n), g) \\ &= [a_n^m g(\alpha_1)...g(\alpha_{n-1})] \times g(\alpha_n) \\ &= a_n^m g(\alpha_1)...g(\alpha_n) \end{aligned}$$

ce qui achève le raisonnement par récurrence.
Comme $g(z) = b_m(z - \beta_1)...(z - \beta_m)$, on obtient aussi :

$$\operatorname{Res}(f, g) = a_n^m b_m^n \prod_{\substack{1 \leq i \leq n \\ 1 \leq j \leq m}} (\alpha_i - \beta_j).$$

(4) Par définition $\text{Dis}(f) = (-1)^{\frac{n(n-1)}{2}} a_n^{-1} \text{Res}(f, f')$ où :

$$\begin{cases} f(z) = a_n(z-\alpha_1)\ldots(z-\alpha_n) \\ f'(z) = \sum_{i=1}^{n} a_n(z-\alpha_1)\ldots\widehat{(z-\alpha_i)}\ldots(z-\alpha_n), \end{cases}$$

le chapeau au-dessus d'un terme signifiant que ce terme de fait pas partie du produit. L'assertion (3) permet d'écrire :

$$\begin{aligned}\text{Res}(f, f') &= a_n^{n-1} f'(\alpha_1)\ldots f'(\alpha_n) \\ &= a_n^{n-1}\left[a_n(\alpha_1-\alpha_2)\ldots(\alpha_1-\alpha_n)\right] \times \ldots \times \left[a_n(\alpha_n-\alpha_1)\ldots(\alpha_n-\alpha_{n-1})\right] \\ &= a_n^{2n-1}(-1)^{\frac{n(n-1)}{2}} \prod_{i<j}(\alpha_i-\alpha_j)^2. \end{aligned}$$

On obtient bien $\text{Dis}(f) = a_n^{2n-2} \prod_{i<j}(\alpha_i-\alpha_j)^2$. ∎

Chapitre 3

Systèmes linéaires

Dans tout ce chapitre $\mathcal{M}(n,p)$ désigne l'ensemble des matrices à n lignes et p colonnes à coefficients dans un corps commutatif K. Si $n = p$, on note simplement $\mathcal{M}(n,n) = \mathcal{M}(n)$. Enfin $\operatorname{GL}(n)$ désigne le groupe des matrices carrées inversibles d'ordre n à coefficients dans K.

3.1 Etude des systèmes linéaires

3.1.1 Positionnement du problème

▶ Soient n et p deux entiers naturels non nuls, K un corps commutatif, et a_{11}, ..., a_{np}, b_1, ..., b_{np} des éléments de K. On se propose de rechercher tous les p-uplets $(x_1, ..., x_p)$ de K^p qui vérifient :

$$(S) \quad \begin{cases} a_{11}x_1 + ... + a_{1p}x_p &= b_1 \\ a_{21}x_1 + ... + a_{2p}x_p &= b_2 \\ \quad ... & \quad ... \\ a_{n1}x_1 + ... + a_{np}x_p &= b_n. \end{cases}$$

On dit que (S) est un **système linéaire de n équations à p inconnues** x_1, ..., x_p. Une **solution** du système (S) est une p-liste $(x_1, ..., x_p) \in K^p$ qui vérifie chacune des équations formant (S). **Résoudre** le système (S) revient à déterminer l'ensemble de ses solutions.

▶ On dit que deux systèmes linéaires sont **équivalents** s'ils admettent le même ensemble de solutions. On passe évidemment d'un système à un système équivalent si l'on supprime les lignes triviales (du style $0 = 0$) ou si l'on change l'ordre des inconnues. On verra plus loin que des opérations élémentaires sur les lignes permettent aussi d'obtenir des systèmes équivalents.

▶ Le système (S) s'écrit de façon matricielle :

$$AX = B$$

où $A = (a_{ij})_{i \in [\![1,n]\!], j \in [\![1,p]\!]}$ est une matrice à n lignes et p colonnes à coefficients dans K, où $B = {}^t(b_1, ..., b_n)$ est un vecteur-colonne de K^n, et où $X = {}^t(x_1, ..., x_p)$ est le vecteur-colonne de K^p formé par les inconnues du système. Le système (S) s'écrit donc :

$$\begin{pmatrix} a_{11} & a_{12} & \cdots & a_{1p} \\ a_{21} & a_{22} & \cdots & a_{2p} \\ \vdots & \vdots & & \vdots \\ a_{n1} & a_{n2} & \cdots & a_{np} \end{pmatrix} \begin{pmatrix} x_1 \\ x_2 \\ \vdots \\ x_p \end{pmatrix} = \begin{pmatrix} b_1 \\ b_2 \\ \vdots \\ b_n \end{pmatrix}.$$

▶ Si u désigne l'application linéaire de K^p dans K^n de matrice A dans les bases canoniques $e = (e_1, ..., e_p)$ de K^p au départ, et $f = (f_1, ..., f_n)$ de K^n à l'arrivée, rien ne nous empêche d'écrire l'équation $AX = B$ sous la forme :

$$u(x) = b$$

où l'inconnue $x = {}^t(x_1, ..., x_p)$ est un vecteur de K^p, et $b = {}^t(b_1, ..., b_n) \in K^n$. On obtient une écriture fonctionnelle du système (S) qui montre que résoudre (S) revient à chercher les antécédents du vecteur b par u.

3.1.2 Structure des solutions

Le système (S), qui s'écrit $u(x) = b$, admet au moins une solution si et seulement si b appartient à l'image $\mathrm{Im}\, u$ de l'application linéaire u. La condition :

$$b \in \mathrm{Im}\, u$$

est appelée **condition de compatibilité** du système. Si elle est vérifiée, on dit que le système est **compatible**. Si c'est le cas, il existe au moins un vecteur x_0 tel que $u(x_0) = b$, et :

$$u(x) = b \Leftrightarrow u(x) = u(x_0) \Leftrightarrow u(x - x_0) = 0 \Leftrightarrow x - x_0 \in \mathrm{Ker}\, u.$$

L'ensemble $\mathcal{S}$ des solutions de (S) est alors égal à $x_0 + \mathrm{Ker}\, u$. C'est le sous-espace affine de K^p passant par x_0 et de direction $\mathrm{Ker}\, u$. Si l'on note $r = \mathrm{rg}\, A$ le rang de A, on a :

$$\dim \mathrm{Ker}\, u = \dim K^p - \dim \mathrm{Im}\, u = p - r,$$

donc le sous-espace affine $\mathcal{S}$ est de dimension $p - r$.

3.1.3 Systèmes de Cramer

Si la matrice A du système (S) est une matrice carrée inversible, alors le système (S) admet une unique solution puisque :

$$AX = B \Leftrightarrow X = A^{-1}B \quad \text{avec } A^{-1} = \frac{1}{\det A} \,{}^t\text{com}\, A.$$

Dans ce cas particulier important, on peut calculer cette solution à l'aide de déterminants. Si l'on note $a_j = {}^t(a_{1j}, ..., a_{nj})$ le j-ième vecteur-colonne de A, et $b = {}^t(b_1, ..., b_n)$, le système (S) s'écrit :

$$x_1 a_1 + ... + x_n a_n = b,$$

et le problème revient à déterminer les coordonnées de b dans la base $(a_1, ..., a_n)$ de K^n formée des vecteurs-colonnes de A. En utilisant les propriétés du déterminant, on obtient :

$$\begin{aligned}\det(b, a_2, ..., a_n) &= \det(x_1 a_1 + ... + x_n a_n, a_2, ..., a_n) \\ &= x_1 \det(a_1, ..., a_n) \\ &= x_1 \det A\end{aligned}$$

d'où $x_1 = \dfrac{\det(b, a_2, ..., a_n)}{\det A}$.

Il suffit de recommencer de la même façon avec les autres coefficients x_k pour obtenir les **formules de Cramer** :

$$\forall k \in [\![1, n]\!] \quad x_k = \frac{\det(a_1, ..., a_{k-1}, b, a_k, a_n)}{\det A}.$$

3.1.4 Conditions de compatibilité

Notons toujours $a_j = {}^t(a_{1j}, ..., a_{nj})$ le j-ième vecteur-colonne de A. Comme on l'a vu, le système (S) est compatible si et seulement si $b \in \text{Im}\, u$, et l'on a :

$$\begin{aligned}b \in \text{Im}\, u &\Leftrightarrow \text{rg}(a_1, ..., a_p, b) = \text{rg}(a_1, ..., a_p) \\ &\Leftrightarrow \text{rg}\, A' = \text{rg}\, A\end{aligned}$$

où A' désigne la matrice obtenue à partir de A en rajoutant la colonne b à droite.

Définition 17 *Si $A \in \mathcal{M}(n, p)$, on appelle **matrice principale de** A toute sous-matrice carrée inversible de A d'ordre le rang de A.*

Posons rg $A = r$. Soit P une matrice principale de A. Comme rg $P = r$, toute matrice bordante de P dans A sera non inversible d'après le Théorème 31 p. 39. La condition rg $P = r = $ rg A' signifie donc que P est encore une matrice principale de A', ce qui signifie que toute matrice bordante de P dans A' sera non inversible (toujours d'après le Théorème 31). Comme cette condition est déjà satisfaite pour les matrices bordantes de P dans A, on peut écrire :

$$\text{rg } A' = \text{rg } A \iff \begin{cases} \text{Toute matrice bordante de } P \text{ dans } A' \text{ qui} \\ \text{utilise la dernière colonne } b \text{ n'est pas inversible} \end{cases}$$

On aura besoin des définitions suivantes :

Définition 18 *Avec les notations précédentes, on appelle* **matrice caractéristique associée** *à P toute matrice bordante de P dans A' dont la dernière colonne est extraite de b. On appelle* **déterminant caractéristique associé à P** *tout déterminant d'une matrice caractéristique associée à P.*

Avec ces définitions, on peut énoncer :

Théorème 43 *(**Conditions de compatibilité**) Si (S) est un système linéaire de n équations à p inconnues, et de rang r ($r \leq \text{Min}(n,p)$), alors :*
   - Si $r = n$, $\dim \text{Im } u = n$ donc u est surjective et (S) est compatible.
   - Si $r < n$ et si P désigne une matrice principale de A, alors (S) est compatible si et seulement si les $n - r$ déterminant caractéristique associé à P sont nuls.

3.1.5 Théorème de Rouché-Fontené

Soit (S) un système linéaire de rang r qui vérifie les conditions de compatibilité du Théorème 43 pour une certaine matrice principale $P = (a_{ij})_{i \in I, j \in J}$ extraite de A.

Les inconnues x_j, $j \in J$, sont appelées les **inconnues principales** associées à P, et les équations des lignes i appartenant à I sont appelées **équations principales** associées à P. Ces équations principales forment un système linéaire que nous appellerons (S_p) :

$$(S_p) : \quad \forall i \in I \quad \sum_{j=1}^{p} a_{ij} x_j = b_i.$$

(S_p) est un système à r lignes et p inconnues. Notons $\mathcal{S}$ et $\mathcal{S}_p$ les ensembles de solution de (S) et (S_p). On a clairement l'inclusion $\mathcal{S} \subset \mathcal{S}_p$, et compte tenu du choix de P (qui est extraite de A et vérifie rg $P = $ rg $A = r$), on a :

$$\dim \mathcal{S} = \dim \mathcal{S}_p = p - r$$

3.1. ETUDE DES SYSTÈMES LINÉAIRES

donc en fait aussi l'égalité $\mathcal{S} = \mathcal{S}_p$. Cela signifie que les systèmes (S) et (S_p) sont équivalents, et s'écrit :

$$(S) \Leftrightarrow \forall i \in I \quad \sum_{j=1}^{p} a_{ij} x_j = b_i.$$

Nous avons ramené le problème à celui de la résolution du système (S_p). Ce dernier se résout facilement en exprimant toutes les inconnues principales en fonction des inconnues non principales, en considérant les inconnues non principales comme des paramètres pouvant prendre des valeurs quelconques dans K (ce sont des degrés de liberté), puis en résolvant le système (S_p) en ne tenant compte que des inconnues principales x_j, $j \in J$, et en utilisant les formules de Cramer puisque P est inversible.

Nous venons de démontrer le :

Théorème 44 *(Théorème de Rouché-Fontené)*
Les solutions d'un système linéaire compatible sont celles d'un de ses systèmes d'équations principales.
Résoudre un système linéaire revient donc à résoudre un de ses systèmes d'équations principales en attribuant des valeurs arbitraires aux inconnues non principales, et en résolvant un système de Cramer dont les inconnues sont les inconnues principales.
Le nombre d'inconnues non principales constitue le degré de liberté du système, c'est-à-dire la dimension du sous-espace affine des solutions du système.

Exemple — Le système :

$$(S) \quad \underbrace{\begin{pmatrix} 1 & 3 & 7 \\ 5 & -1 & -13 \\ 13 & 7 & -5 \\ 0 & -2 & -6 \\ 7 & 0 & -14 \end{pmatrix}}_{A} \begin{pmatrix} x_1 \\ x_2 \\ x_3 \end{pmatrix} = \begin{pmatrix} b_1 \\ b_2 \\ b_3 \\ b_4 \\ b_5 \end{pmatrix}$$

est compatible si et seulement si le vecteur $b = {}^t(b_1, ..., b_5)$ appartient à l'image de A. Comme la première matrice 2×2 extraite de A en haut à gauche :

$$P = \begin{pmatrix} 1 & 3 \\ 5 & -1 \end{pmatrix},$$

est inversible, et comme :

$$\begin{vmatrix} 1 & 3 & 7 \\ 5 & -1 & -13 \\ 13 & 7 & -5 \end{vmatrix} = \begin{vmatrix} 1 & 3 & 7 \\ 5 & -1 & -13 \\ 0 & -2 & -6 \end{vmatrix} = \begin{vmatrix} 1 & 3 & 7 \\ 5 & -1 & -13 \\ 7 & 0 & -14 \end{vmatrix} = 0,$$

tous les déterminants bordants de P sont nuls, donc A est de rang 2 (Théorème 30). P est une matrice principale pour A. Les conditions de compatibilité sont obtenues en annulant tous les déterminants des matrices qui bordent P et utilisent la colonne b (Théorème 43). On obtient les conditions :

$$(C) \quad \begin{vmatrix} 1 & 3 & b_1 \\ 5 & -1 & b_2 \\ 13 & 7 & b_3 \end{vmatrix} = \begin{vmatrix} 1 & 3 & b_1 \\ 5 & -1 & b_2 \\ 0 & -2 & b_4 \end{vmatrix} = \begin{vmatrix} 1 & 3 & b_1 \\ 5 & -1 & b_2 \\ 7 & 0 & b_5 \end{vmatrix} = 0.$$

Après calculs :

$$(C) \quad \begin{cases} 48b_1 + 32b_2 - 16b_3 = 0 \\ -10b_1 + 2b_2 - 16b_4 = 0 \\ 7b_1 + 21b_2 - 16b_5 = 0. \end{cases}$$

Le système (C) définit un sous-espace vectoriel de dimension $5 - 3 = 2$, ce qui est normal puisqu'il s'agit de $\operatorname{Im} A$ et que $\dim \operatorname{Im} A = \operatorname{rg} A = 2$. Choisissons maintenant un vecteur b qui vérifie (C), par exemple $b = {}^t(-7, 13, 5, 6, 14)$, et résolvons le système compatible :

$$(S') \quad \begin{pmatrix} 1 & 3 & 7 \\ 5 & -1 & -13 \\ 13 & 7 & -5 \\ 0 & -2 & -6 \\ 7 & 0 & -14 \end{pmatrix} \begin{pmatrix} x_1 \\ x_2 \\ x_3 \end{pmatrix} = \begin{pmatrix} -7 \\ 13 \\ 5 \\ 6 \\ 14 \end{pmatrix}$$

à l'aide du Théorème de Rouché-Fontené et de la matrice principale P. Les inconnues principales sont x_1 et x_2. L'inconnue non principale x_3 joue maintenant le rôle de paramètre, et il nous reste seulement à résoudre le système suivant en (x_1, x_2) :

$$\begin{pmatrix} 1 & 3 & 7 \\ 5 & -1 & -13 \end{pmatrix} \begin{pmatrix} x_1 \\ x_2 \\ x_3 \end{pmatrix} = \begin{pmatrix} -7 \\ 13 \end{pmatrix}.$$

Celui-ci s'écrit :

$$\begin{cases} x_1 + 3x_2 = -7 - 7x_3 \\ 5x_1 - x_2 = 13 + 13x_3 \end{cases}$$

et se résout, par exemple, avec les formules de Cramer :

$$x_1 = \frac{\begin{vmatrix} -7 - 7x_3 & 3 \\ 13 + 13x_3 & -1 \end{vmatrix}}{\begin{vmatrix} 1 & 3 \\ 5 & -1 \end{vmatrix}} = 2x_3 + 2 \quad \text{et} \quad x_2 = \frac{\begin{vmatrix} 1 & -7 - 7x_3 \\ 5 & 13 + 13x_3 \end{vmatrix}}{\begin{vmatrix} 1 & 3 \\ 5 & -1 \end{vmatrix}} = -3x_3 - 3.$$

En conclusion, l'ensemble des solutions de (S') est égal à l'ensemble des triplets de la forme $(2t+2, -3t-3, t)$ lorsque t parcourt K. Il s'agit d'une droite affine.

3.2 Méthode du pivot de Gauss

3.2.1 Opérations élémentaires sur les lignes

Considérons le système linéaire (S) décrit à la Section 3.1 p. 57. Le tableau suivant montre trois **opérations élémentaires** que l'on peut effectuer sur les lignes de ce système :

Nature de l'opération :	codage :
Permutation de 2 lignes	$l_i \leftrightarrow l_j$
Multiplication d'une ligne par un réel non nul	$l_i \leftarrow \lambda l_i$
Addition d'un multiple d'une ligne à une autre ligne	$l_i \leftarrow l_i + \lambda l_j$

Ces opérations élémentaires transforment un système (S) en un système équivalent. C'est évident pour les échanges de lignes $(l_i \leftrightarrow l_j)$ et la multiplication d'une ligne par un nombre non nul $(l_i \leftarrow \lambda l_i)$, et cela se voit facilement pour l'opération élémentaire $l_i \leftarrow l_i + \lambda l_j$.

En effet, l'opération élémentaire $l_i \leftarrow l_i + \lambda l_j$ transforme (S) en un autre système (S') où seule la i-ième ligne l_i a été modifiée. Si $f_k(x) = 0$ représente la k-ième ligne de (S), l'équivalence entre (S) et (S') provient de l'équivalence évidente :
$$\begin{cases} f_i(x) = 0 \\ f_j(x) = 0 \end{cases} \Leftrightarrow \begin{cases} f_i(x) + \lambda f_j(x) = 0 \\ f_j(x) = 0. \end{cases}$$

3.2.2 Description de la méthode

La méthode du pivot de Gauss permet de résoudre un système linéaire (S) en utilisant des opérations élémentaires sur les lignes pour aboutir à un système triangulaire après un nombre fini d'étapes. Il suffit ensuite de résoudre un système triangulaire de proche en proche, par substitution.

Pour résoudre un système linéaire :

$$(S) \begin{cases} a_{11}x_1 + \ldots + a_{1p}x_p = b_1 \\ a_{21}x_1 + \ldots + a_{2p}x_p = b_2 \\ \ldots \quad \ldots \\ a_{n1}x_1 + \ldots + a_{np}x_p = b_n \end{cases}$$

on procède suivant les étapes suivantes :

- On se ramène à un système équivalent tel que $a_{11} \neq 0$ en changeant si besoin l'ordre des inconnues ou en permutant deux lignes.

- On remplace chaque ligne l_i ($2 \leq i \leq n$) par $l_i - \frac{a_{i1}}{a_{11}} l_1$ pour éliminer le terme en x_1. On dit que l'on a utilisé a_{11} comme pivot (évidemment, il vaut mieux avoir 1 comme pivot, et rien n'interdit de s'arranger pour obtenir $a_{11} = 1$ dans l'étape précédente ou en utilisant l'opération élémentaire $l_i \leftarrow \lambda l_i$ pour simplifier éventuellement les calculs).

- On recommence ces opérations avec le système à $p-1$ inconnues formé par les $n-1$ dernières lignes.

- Et on continue ainsi de suite.

Au bout d'un nombre fini d'opérations, on aboutit à un système équivalent de la forme :

$$(S') \begin{cases} a_{11}x_1 & +a_{12}x_2 & +... & +a_{1r}x_r & +\sum_{j=r+1}^{p} a_{1j}x_j & = b_1 \\ & a_{22}x_2 & +... & +a_{2r}x_r & +\sum_{j=r+1}^{p} a_{2j}x_j & = b_2 \\ & & \ddots & \vdots & \vdots & \vdots \\ & & & +a_{rr}x_r & +\sum_{j=r+1}^{p} a_{rj}x_j & = b_r \\ & & & & 0 & = b_{r+1} \\ & & & & ... & ... \\ & & & & 0 & = b_n \end{cases}$$

avec $0 < r \leq \text{Min}(n,p)$ et $a_{ii} \neq 0$ pour tout $i \in [\![1,r]\!]$.

Le système (S') est dit **triangulaire supérieur**, ou **échelonné**. Il se résout aisément de proche en proche en partant de la ligne du bas.

On remarque aussi que :

- Si l'une des $n-r$ dernières équations $b_j = 0$ ($r < j \leq n$) n'est pas satisfaite, le système n'admet pas de solution. Les équations $b_j = 0$ ($r < j \leq n$) représentent les **conditions de compatibilité** du système.

- Si les conditions de compatibilité sont vérifiées, le système est dit **compatible** et admet des solutions. Les inconnues $x_1, ..., x_r$ sont appelées **inconnues principales** et les autres inconnues $x_{r+1}, ..., x_p$ sont les **inconnues secondaires**. On dit que le système possède $p-r$ degrés de liberté offerts par chacune des inconnues secondaires que l'on considère comme des paramètres. On résout le système (S') en considérant que $x_1, ..., x_r$ sont les inconnues et $x_{r+1}, ..., x_p$ sont des paramètres.

3.2. MÉTHODE DU PIVOT DE GAUSS

- Le rang de la matrice $A = (a_{ij})$ du système (S) est r, et l'ensemble des solutions de (S) est un sous-espace affine de dimension $p - r$ dans K^p (Section 3.1.2).

- Si $r = n = p$, la matrice A est carrée inversible, et le système admet une unique solution que l'on peut calculer en résolvant le système triangulaire. Le système est de Cramer, donc on peut aussi le résoudre en utilisant les formules de Cramer (Section 3.1.3).

Exemple — Résolvons le système réel (S) suivant par la méthode du pivot de Gauss :

$$(S) \quad \begin{cases} x_1 + 2x_2 - 3x_3 + x_4 = -3 & l_1 \\ 2x_1 + 5x_2 - 5x_3 + 5x_4 = 2 & l_2 \\ -3x_1 - 5x_2 + 12x_3 - x_4 = 16 & l_3 \\ 5x_1 + 9x_2 - 16x_3 + 2x_4 = -23 & l_4 \end{cases}$$

Ce système est respectivement équivalent à :

$$\begin{cases} x_1 + 2x_2 - 3x_3 + x_4 = -3 & \\ x_2 + x_3 + 3x_4 = 8 & l_2 - 2l_1 \\ x_2 + 3x_3 + 2x_4 = 7 & l_3 + 3l_1 \\ -x_2 - x_3 - 3x_4 = -8 & l_4 - 5l_1 \end{cases}$$

$$(S') \quad \begin{cases} x_1 + 2x_2 - 3x_3 + x_4 = -3 & \\ x_2 + x_3 + 3x_4 = 8 & \\ 2x_3 - x_4 = -1 & l_3 - l_2 \\ 0 = 0 & l_4 + l_2. \end{cases}$$

Le système est compatible et possède un seul degré de liberté. On peut choisir x_1, x_2, x_3 comme inconnues principales et x_4 comme inconnue secondaire. On trouve $x_3 = (x_4 - 1)/2$, puis :

$$\begin{cases} x_2 = -x_3 - 3x_4 + 8 = -\dfrac{7}{2}x_4 + \dfrac{17}{2} \\ x_1 = -2x_2 + 3x_3 - x_4 - 3 = \dfrac{15}{2}x_4 - \dfrac{43}{2}. \end{cases}$$

Les solutions de (S) sont donc les quadruplets :

$$\left(\frac{15t - 43}{2}, \frac{17 - 7t}{2}, \frac{t - 1}{2}, t \right)$$

où t parcourt $\mathbb{R}$.

3.2.3 Utilité

On sait résoudre un système linéaire par substitution ou par combinaison linéaire. On peut aussi utiliser les déterminants avec le Théorème de Rouché-Fontené, mais celui-ci mène vite à des calculs inextricables, même pour une machine.

La méthode du pivot de Gauss permet de systématiser la résolution d'un système linéaire en écrivant une succession de systèmes équivalents, et ainsi écrire un algorithme efficace lorsqu'on traite un nombre raisonnable d'équations et d'inconnues. En ce sens, il s'agit d'une méthode parfaite.

Mais tous les calculs ne sont pas équivalents et tout dépend de l'échelle de grandeurs dans laquelle on se place. Ainsi, la méthode de Gauss n'est plus performante si l'on a affaire à des systèmes gigantesques comme ceux que les astrophysiciens doivent traiter et qui contiennent facilement 1 500 000 équations et 200 000 inconnues. Dans ce cas, il faut avoir recours à des calculs approchés et des méthodes issues de l'analyse.

Quoiqu'il en soit, il est bon de noter que les calculs à la main peuvent être facilités par l'usage d'une inconnue auxiliaire ou par l'utilisation d'une particularité du système à résoudre. Cela arrive plus souvent qu'on le pense, comme on le voit dans les exemples qui suivent :

Exemple n°1 — Résoudre le système :

$$(S) \quad \begin{cases} ax_1 + x_2 + x_3 + x_4 = 0 \\ x_1 + ax_2 + x_3 + x_4 = 0 \\ x_1 + x_2 + ax_3 + x_4 = 0 \\ x_1 + x_2 + x_3 + ax_4 = 0 \end{cases}$$

a) en utilisant la méthode du pivot de Gauss,
b) en utilisant l'inconnue auxiliaire $s = x_1 + x_2 + x_3 + x_4$.

Réponse — a) Les systèmes ci-dessous sont équivalents :

$$\begin{cases} (1-a)x_2 + (1-a)x_3 + (1-a^2)x_4 = 0 \\ (a-1)x_2 \qquad\qquad + (1-a)x_4 = 0 \\ \qquad\qquad (a-1)x_3 + (1-a)x_4 = 0 \\ x_1 + x_2 + x_3 + ax_4 = 0 \end{cases}$$

$$\begin{cases} x_1 + x_2 + x_3 + ax_4 = 0 \\ (a-1)x_2 \qquad\qquad + (1-a)x_4 = 0 \\ (1-a)x_2 + (1-a)x_3 + (1-a^2)x_4 = 0 \\ \qquad\qquad (a-1)x_3 + (1-a)x_4 = 0 \end{cases}$$

3.2. MÉTHODE DU PIVOT DE GAUSS

$$\begin{cases} x_1 & +x_2 & +x_3 & +ax_4 & = 0 \\ & (a-1)x_2 & & +(1-a)x_4 & = 0 \\ & & (1-a)x_3 & +(2-a-a^2)x_4 & = 0 \\ & & (a-1)x_3 & +(1-a)x_4 & = 0 \end{cases}$$

$$\begin{cases} x_1 & +x_2 & +x_3 & +ax_4 & = 0 \\ & (a-1)x_2 & & +(1-a)x_4 & = 0 \\ & & (1-a)x_3 & +(2-a-a^2)x_4 & = 0 \\ & & & (3-2a-a^2)x_4 & = 0 \end{cases}$$

$$\begin{cases} x_1 & +x_2 & +x_3 & +ax_4 & = 0 \\ & (a-1)x_2 & & +(1-a)x_4 & = 0 \\ & & (1-a)x_3 & +(2-a-a^2)x_4 & = 0 \\ & & & (a-1)(a+3)x_4 & = 0 \end{cases}$$

d'où la discussion :

• Si $a = 1$, (S) équivaut à $x_1 + x_2 + x_3 + x_4 = 0$ donc admet une infinité de solutions (on obtient un sous-espace vectoriel de dimension 3 de $\mathbb{R}^4$).

• Si $a = -3$, (S) équivaut à :

$$\begin{cases} x_1 +x_2 +x_3 -3x_4 = 0 \\ -4x_2 +4x_4 = 0 \\ -4x_3 -4x_4 = 0 \end{cases}$$

et l'on trouve la droite vectorielle $x_1 = x_2 = x_3 = x_4$.

• Si $a \notin \{-3, 1\}$, (S) est un système de Cramer qui admet la seule solution triviale $(0, 0, 0, 0)$.

b) En additionnant toutes les lignes de (S) on trouve $(a+3)s = 0$ et :

$$(S) \Leftrightarrow \begin{cases} s = x_1 + x_2 + x_3 + x_4 \\ (a-1)x_1 + s = 0 \\ (a-1)x_2 + s = 0 \\ (a-1)x_3 + s = 0 \\ (a-1)x_4 + s = 0 \end{cases}$$

d'où la discussion.

• Si $a \neq -3$, $s = 0$ et :

$$(S) \Leftrightarrow (a-1)x_1 = (a-1)x_2 = (a-1)x_3 = (a-1)x_4 = 0.$$

Si $a = 1$, (S) devient $x_1 + x_2 + x_3 + x_4 = 0$, et si $a \neq 1$, (S) équivaut à $x_1 = x_2 = x_3 = x_4 = 0$.

- Si $a = -3$,

$$(S) \Leftrightarrow \begin{cases} s = x_1 + x_2 + x_3 + x_4 \\ x_1 = x_2 = x_3 = x_4 = \dfrac{s}{4} \end{cases} \Leftrightarrow x_1 = x_2 = x_3 = x_4 = \dfrac{s}{4}$$

d'où une infinité de solutions (une droite vectorielle puisqu'il existe un seul degré de liberté donné par s).

Exemple n°2 — Voici un exemple où l'utilisation du pivot de Gauss est inutile. Soient E un $\mathbb{C}$-espace vectoriel, et u un endomorphisme de E qui vérifie $u^3 = Id$. Puisque u annule le polynôme $X^3 - 1$ scindé dans $\mathbb{C}$ dont toutes les racines sont simples, on peut affirmer que u est diagonalisable (cf. cours sur la réduction des endomorphismes) et que ses valeurs propres appartiennent à l'ensemble $\{1, j, j^2\}$. On aura donc toujours la somme directe :

$$E = \mathrm{Ker}\,(u - Id) \oplus \mathrm{Ker}\,(u - jId) \oplus \mathrm{Ker}\,(u - j^2 Id)$$

où l'un des sous-espaces $E(j^k) = \mathrm{Ker}\,(u - j^k Id)$ peut très bien être réduit au singleton $\{0\}$. Considérons un vecteur x de E, et cherchons à l'écrire sous la forme $x = x_1 + x_2 + x_3$ où $x_k \in E(j^k)$ pour $k \in \{1, 2, 3\}$. On est amené à résoudre le système suivant dont les inconnues sont des vecteurs :

$$\begin{cases} x = x_1 + x_2 + x_3 \\ u(x) = x_1 + jx_2 + j^2 x_3 \\ u^2(x) = x_1 + j^2 x_2 + jx_3. \end{cases}$$

On obtient par combinaisons linéaires :

$$\begin{cases} x + u(x) + u^2(x) = 3x_1 \\ x + j^2 u(x) + j u^2(x) = 3x_2 \\ x + j u(x) + j^2 u^2(x) = 3x_3, \end{cases}$$

d'où :

$$\begin{cases} x_1 = \dfrac{1}{3}\left[x + u(x) + u^2(x)\right] \\ x_2 = \dfrac{1}{3}\left[x + j^2 u(x) + j u^2(x)\right] \\ x_3 = \dfrac{1}{3}\left[x + j u(x) + j^2 u^2(x)\right]. \end{cases}$$

3.3 Opérations élémentaires

La méthode du pivot de Gauss utilise des opérations élémentaires sur les lignes d'un système. Des opérations élémentaires peuvent être aussi envisagées sur les lignes et les colonnes d'une matrice, et être utilisées pour répondre à des questions variées. C'est l'objet de l'étude proposée dans cette Section.

Dans toute la suite $\mathfrak{S}_n$ désigne le groupe des permutations de $[\![1,n]\!] = \{1,...,n\}$, et l'on note $A = (a_{ij})$ une matrice de $\mathcal{M}(n,p)$, de i-ième ligne l_i et de j-ième colonne c_j.

3.3.1 Le langage des matrices

A. Matrices de permutations et de transpositions

Définition 19 *A toute permutation σ de $[\![1,n]\!]$ on associe la **matrice de permutation** $M_\sigma = (m_{ij})_{1 \leq i,j \leq n}$ de coefficients $m_{ij} = \delta_{i,\sigma(j)}$, où δ_{ij} désigne le symbole de Kronecker qui vaut 1 si $i = j$, 0 sinon.*

On passe de la matrice identité I à M_σ en permutant les colonnes de I suivant σ : la j-ième colonne de M_σ est égale à la $\sigma(j)$-ième colonne de I. Par exemple, si σ est la permutation circulaire $(1,2,3)$:

$$M_\sigma = \begin{pmatrix} 0 & 0 & 1 \\ 1 & 0 & 0 \\ 0 & 1 & 0 \end{pmatrix}$$

On peut aussi dire que M_σ est la matrice de passage de la base $(e_1,...,e_n)$ vers la base $(e_{\sigma(1)},...,e_{\sigma(n)})$. Avec cette définition :

Théorème 45 *L'application :*
$$\Psi : \quad \mathfrak{S}_n \quad \to \quad \mathrm{GL}(n)$$
$$\sigma \quad \mapsto \quad M_\sigma$$
qui à une permutation σ associe sa matrice de permutation M_σ, est un morphisme de groupes. On a aussi $\det M_\sigma = \varepsilon_\sigma$ où ε_σ désigne la signature de M_σ, et $M_\sigma^{-1} = M_{\sigma^{-1}} = {}^t M_\sigma$.

Preuve — Notons $M_\sigma = (m_{ij})$. Par définition d'un déterminant :

$$\det M_\sigma = \sum_{\upsilon \in \mathfrak{S}_n} \varepsilon_\upsilon m_{1,\upsilon(1)}...m_{n,\upsilon(n)}$$
$$= \sum_{\upsilon \in \mathfrak{S}_n} \varepsilon_\upsilon \delta_{1,\sigma\upsilon(1)}...\delta_{n,\sigma\upsilon(n)}$$
$$= \sum_{\varphi \in \mathfrak{S}_n} \varepsilon_{\sigma^{-1}\varphi} \delta_{1,\varphi(1)}...\delta_{n,\varphi(n)}.$$

Comme $\varepsilon_{\sigma^{-1}\varphi} = \varepsilon_\sigma \times \varepsilon_\varphi$,

$$\det M_\sigma = \varepsilon_\sigma \sum_{\varphi \in \mathfrak{S}_n} \varepsilon_\varphi \delta_{1,\varphi(1)} \dots \delta_{n,\varphi(n)} = \varepsilon_\sigma \det I = \varepsilon_\sigma.$$

En particulier $\det M_\sigma = \varepsilon_\sigma \neq 0$ et Ψ est bien définie.

Si l'on pose $M_\alpha M_\beta = (p_{ij})$ avec $\alpha,\, \beta \in \mathfrak{S}_n$, alors :

$$p_{ij} = \sum_{k=1}^n \delta_{i,\alpha(k)} \delta_{k,\beta(j)} = \delta_{\alpha^{-1}(i),\beta(j)} = \delta_{i,\alpha(\beta(j))} = \delta_{i,(\alpha\beta)(j)}$$

donc $M_\alpha M_\beta = M_{\alpha\beta}$ et Ψ est un morphisme de groupes. Cela montre aussi que $M_\sigma M_{\sigma^{-1}} = M_{Id} = I$ et que $M_{\sigma^{-1}} M_\sigma = M_{Id} = I$, donc que $M_\sigma^{-1} = M_{\sigma^{-1}}$. On vérifie enfin que $M_{\sigma^{-1}} = (\delta_{i,\sigma^{-1}(j)}) = (\delta_{\sigma^{-1}(j),i}) = (\delta_{j,\sigma(i)}) = {}^t M_\sigma$. ∎

Si $A = (a_{ij})$ est une matrice de $\mathcal{M}(n,p)$, et si l'on note $M_\sigma A = (w_{ij})$,

$$\forall i,j \quad w_{ij} = \sum_{k=1}^n \delta_{i\sigma(k)} a_{kj} = \delta_{i\sigma^{-1}(i)} a_{\sigma^{-1}(i)j} = a_{\sigma^{-1}(i)j},$$

de sorte que multiplier une matrice A à gauche par M_σ revient à permuter les lignes de A suivant σ^{-1}.

Définition 20 *La matrice M_τ de permutation associée à une transposition τ est appelée **matrice de transposition** associée à τ.*

Si τ est la transposition (i,j) qui échange i et j, multiplier une matrice A à gauche par M_τ revient à permuter les lignes d'indices i et j. On vérifierait aussi que multiplier une matrice à droite par M_τ revient à permuter les colonnes d'indices i et j de A.

B. Matrices d'affinités

Définition 21 *Si λ est un réel et si $l \in [\![1,n]\!]$, on définit la matrice carrée $D_l(\lambda) = (d_{ij})_{(i,j) \in [\![1,n]\!]^2}$ en posant $d_{ij} = 0$ si $i \neq j$, $d_{ii} = 1$ si $i \neq l$ et $d_{ll} = \lambda$. On dit que $D_l(\lambda)$ est une **matrice d'affinité**.*

Ainsi :

$$D_l(\lambda) = \begin{pmatrix} 1 & 0 & \cdots & & \cdots & 0 \\ 0 & \ddots & \ddots & & & \vdots \\ \vdots & \ddots & 1 & \ddots & & \\ & & \ddots & \lambda & \ddots & \vdots \\ \vdots & & & 0 & \ddots & 0 \\ 0 & \cdots & & \cdots & 0 & 1 \end{pmatrix}$$

3.3. OPÉRATIONS ÉLÉMENTAIRES

On peut vérifier que multiplier une matrice A à gauche par $D_i(\lambda)$, c'est-à-dire calculer $D_i(\lambda) A$, revient à multiplier la i-ième ligne de A par λ, ce qui correspond à l'opération élémentaire $l_i \leftarrow \lambda l_i$ sur les lignes. De même, multiplier A à droite par $D_i(\lambda)$ revient à multiplier la i-ième colonne de A par λ.

C. Matrices de transvections

Notons I la matrice identité d'ordre n, et E_{lc} la matrice de $\mathcal{M}(n)$ dont tous les coefficients sont nuls excepté celui de la l-ième ligne et c-ième colonne qui vaut 1.

Définition 22 *Si $\lambda \in \mathbb{R}$ et $(l, c) \in [\![1, n]\!]^2$, avec $l \neq c$, on définit la matrice carrée $U_{lc}(\lambda)$ d'ordre n par $U_{lc}(\lambda) = I + \lambda E_{lc}$. On dit que $U_{lc}(\lambda)$ est une* **matrice de transvection**.

On a donc :

$$U_{lc}(\lambda) = \begin{pmatrix} 1 & 0 & \cdots & & \cdots & 0 \\ 0 & \ddots & \ddots & & \lambda & \vdots \\ \vdots & \ddots & 1 & \ddots & & \\ & & & \ddots & \ddots & \vdots \\ \vdots & & & 0 & \ddots & 0 \\ 0 & \cdots & & \cdots & 0 & 1 \end{pmatrix}$$

où le λ est à l'intersection de la l-ième ligne et de la c-ième colonne. On a $\det U_{lc}(\lambda) = 1$, et l'on peut calculer le produit de deux matrices de transvections :

$$\begin{aligned} U_{lc}(\lambda) U_{l'c'}(\mu) &= (I + \lambda E_{lc})(I + \mu E_{l'c'}) \\ &= I + \lambda E_{lc} + \mu E_{l'c'} + \lambda \mu E_{lc} E_{l'c'}. \end{aligned}$$

Les matrices E_{lc} de la base canonique de $\mathcal{M}(n)$ s'écrivent $E_{lc} = (\delta_{il} \delta_{jc})$ en utilisant le symbole de Kronecker. Si l'on pose $E_{lc} E_{l'c'} = (d_{ij})$, on obtient :

$$d_{ij} = \sum_{k=0}^{n} (\delta_{il} \delta_{kc})(\delta_{kl'} \delta_{jc'}) = \delta_{il} \delta_{cl'} \delta_{jc'} = \delta_{cl'} (\delta_{il} \delta_{jc'})$$

d'où la relation $E_{lc} E_{l'c'} = \delta_{cl'} E_{lc'}$. Ainsi :

$$U_{lc}(\lambda) U_{l'c'}(\mu) = I + \lambda E_{lc} + \mu E_{l'c'} + \lambda \mu \delta_{cl'} E_{lc'}.$$

Le produit de deux matrices de transvections n'est donc pas une matrice de transvection.

On peut vérifier que multiplier une matrice A à gauche par $U_{ij}(\lambda)$ revient à remplacer la i-ième ligne de A par la somme de cette ligne et de λ fois la j-ième ligne. Cela revient donc à effectuer l'opération élémentaire $l_i \leftarrow l_i + \lambda l_j$ sur les lignes.

On effectuera le même type d'opérations élémentaires sur les colonnes de A en multipliant A à droite par une matrice de tranvection.

D. Résumé

Opérations élémentaires sur les lignes	
Effet : échange de deux lignes *Codage* : $l_i \leftrightarrow l_j$ *Traduction matricielle* : $A \mapsto M_\tau A$ M_τ = matrice de tranposition, $\tau = (i,j)$	$M_\tau = \begin{pmatrix} 1 & & & & & & & \\ & \ddots & & \vdots & & \vdots & & \\ & & 1 & \vdots & & \vdots & & \\ & & & 0 & \cdots & 1 & & \\ & & & & 1 & & & \\ & & & & & \ddots & & \\ & & & 1 & \cdots & 0 & & \\ & & & & & & \ddots & \\ & & & & & & & 1 \end{pmatrix} \begin{matrix} \\ \\ \\ i \\ \\ \\ j \\ \\ \end{matrix}$
Effet : multiplication d'une ligne par un scalaire non nul *Codage* : $l_i \leftarrow \lambda l_i$ *Traduction matricielle* : $A \mapsto D_i(\lambda) A$ $D_i(\lambda)$ = matrice d'affinité	$D_i(\lambda) = \begin{pmatrix} 1 & & & & & \\ & \ddots & & & & \\ & & 1 & & & \\ & & & \lambda & & \\ & & & & 1 & \\ & & & & & \ddots \\ & & & & & & 1 \end{pmatrix} i$
Effet : addition d'un multiple d'une ligne à une autre *Codage* : $l_i \leftarrow l_i + \lambda\, l_j$ *Traduction matricielle* : $A \mapsto U_{ij}(\lambda) A$ $U_{ij}(\lambda)$ = Matrice de transvection	$U_{ij}(\lambda) = \begin{pmatrix} 1 & & & & \vdots & \\ & 1 & & & \vdots & \\ & & 1 & & \lambda & \\ & & & \ddots & & \\ & & & & & 1 \end{pmatrix} i$

3.3. OPÉRATIONS ÉLÉMENTAIRES

Chacune des trois opérations élémentaires sur les lignes d'une matrice A se traduisent par des multiplications à gauche par des matrices de transposition, d'affinités ou de transvections. Le tableau précédent résume l'effet de ces multiplications à gauche.

On retiendra aussi que les opérations élémentaires sur les colonnes de A correspondent à des multiplications à droite par ces mêmes matrices.

3.3.2 Applications

Les opérations élémentaires sont utilisées pour passer d'une matrice A quelconque à une matrice T triangulaire ou diagonale sur laquelle il est facile de raisonner.

Comme on vient de le voir, les opérations élémentaires sur les lignes et les colonnes d'une matrice A reviennent à multiplier à gauche ou à droite par des matrices de transpositions, d'affinités ou de transvections.

En procédant de la même manière que dans la méthode du pivot de Gauss décrite à la Section 3.2.2, on peut donc affirmer l'existence de matrices U et V, qui sont des composées de matrices de transpositions, d'affinités et de transvections, et l'existence d'une matrice triangulaire T et d'une matrice diagonale D (ayant éventuellement des zéros dans la diagonale principale) telles que :
$$T = UA \text{ et } D = UAV.$$

Ces écritures permettent de répondre à un certain nombre de questions importantes, comme par exemple :
- Calculer le rang $\operatorname{rg} A$ de A.
- Calculer le déterminant $\det A$ de A.
- Résoudre un système linéaire.
- Calculer l'inverse A^{-1} de A, si elle existe.

Nous nous intéressons de plus près à ces applications dans ce qui suit.

3.3.3 Calcul de rangs

Si $T = UAV$ avec $U, V \in \operatorname{GL}(n)$, alors $\operatorname{rg} A = \operatorname{rg} T$. Cela se vérifie facilement en utilisant des endomorphismes qui admettent ces matrices comme matrices dans la base canonique de K^n. Si U et V sont des produits de matrices de transpositions, d'affinités ou de transvections, autrement dit si T se déduit de A par des opérations élémentaires sur des lignes ou des colonnes, on peut déduire que $\operatorname{rg} A = \operatorname{rg} T$ du fait que :

$$\begin{aligned}
\operatorname{Vect}(l_i, l_j) &= \operatorname{Vect}(l_i + \lambda l_j, l_j) \\
&= \operatorname{Vect}(\lambda l_i, l_j) \\
&= \operatorname{Vect}(l_j, l_i)
\end{aligned}$$

quelles que soient les lignes l_i, l_j de A, et quel que soit le scalaire λ non nul.

Exemple — En notant $\leadsto$ l'action d'une ou plusieurs opérations élémentaires, et en remarquant que, si l'opération $l_i \leftarrow \lambda l_i + \mu l_j$ n'est pas une opération élémentaire, elle consiste tout de même en la succession de deux opérations élémentaires de type affinité $l_i \leftarrow \lambda l_i$ et transvection $l_i \leftarrow l_i + \lambda l_j$, on peut écrire :

$$A = \begin{pmatrix} 4 & 3 & 0 \\ 7 & 0 & 2 \\ 4 & 1 & -1 \\ 2 & 4 & 0 \end{pmatrix} \leadsto \begin{pmatrix} 4 & 3 & 0 \\ 0 & -21 & 8 \\ 0 & -2 & -1 \\ 0 & 5 & 0 \end{pmatrix} \begin{matrix} \\ \leftarrow 4l_2 - 7l_1 \\ \leftarrow l_3 - l_1 \\ \leftarrow 2l_4 - l_1 \end{matrix}$$

$$\leadsto \begin{pmatrix} 4 & 3 & 0 \\ 0 & -21 & 8 \\ 0 & 0 & -37 \\ 0 & 0 & 40 \end{pmatrix} \begin{matrix} \\ \\ \leftarrow 21l_3 - 2l_2 \\ \leftarrow 21l_4 + 5l_2 \end{matrix}$$

Cela montre que $\operatorname{rg} A = 3$, puisque :

$$\begin{vmatrix} 4 & 3 & 0 \\ 0 & -21 & 8 \\ 0 & 0 & -37 \end{vmatrix} = 4 \times (-21) \times (-37) \neq 0.$$

3.3.4 Déterminants de Vandermonde

Des opérations élémentaires sur les lignes ou les colonnes d'une matrice permettent de calculer un déterminant si l'on prend bien garde de se rappeler que multiplier une ligne ou une colonne par un scalaire revient à multiplier le déterminant par ce même scalaire. Cela provient des relations :

$$\det(l_i, l_j) = \det(l_j, l_i) \det(l_i + \lambda l_j, l_j) = \frac{1}{\lambda} \det(\lambda l_i, l_j)$$

vraies quel que soit $\lambda \neq 0$.

Voyons un exemple bien en détail. Si λ_1, ..., λ_n sont des nombres complexes, on appelle **déterminant de Vandermonde** tout déterminant de la forme

3.3. OPÉRATIONS ÉLÉMENTAIRES

suivante :

$$\Delta_n(\lambda_1, ..., \lambda_n) = \begin{vmatrix} 1 & \lambda_1 & \lambda_1^2 & \cdots & \lambda_1^{n-1} \\ 1 & \lambda_2 & \lambda_2^2 & \cdots & \lambda_2^{n-1} \\ \vdots & \vdots & \vdots & & \vdots \\ 1 & \lambda_n & \lambda_n^2 & \cdots & \lambda_n^{n-1} \end{vmatrix}.$$

Un tel déterminant peut être calculé en utilisant des opérations élémentaires sur les colonnes. De la j-ième colonne, retranchons λ_1 fois la colonne précédente. On obtient :

$$\Delta_n(\lambda_1, ..., \lambda_n) = \begin{vmatrix} 1 & 0 & 0 & \cdots & 0 \\ 1 & \lambda_2 - \lambda_1 & \lambda_2(\lambda_2 - \lambda_1) & \cdots & \lambda_2^{n-2}(\lambda_2 - \lambda_1) \\ \vdots & \vdots & \vdots & & \vdots \\ 1 & \lambda_n - \lambda_1 & \lambda_n(\lambda_n - \lambda_1) & \cdots & \lambda_n^{n-2}(\lambda_n - \lambda_1) \end{vmatrix}$$

d'où :

$$\Delta_n(\lambda_1, ..., \lambda_n) = \Delta_{n-1}(\lambda_2, ..., \lambda_n) \prod_{i=2}^{n}(\lambda_i - \lambda_1) = ... = \prod_{i<j}(\lambda_j - \lambda_i)$$

en raisonnant par récurrence.

Il est intéressant de retenir cette formule car le déterminant de Vandermonde apparaît dans de nombreuses situations, par exemple quand on se propose de démontrer qu'un polynôme non nul $P(X) = \sum_{i=0}^{n} c_i X^i$ de degré n et à coefficients réels possède au plus n racines dans $\mathbb{R}$. On peut démontrer ce résultat en raisonnant par l'absurde, donc en supposant que $P(X)$ admette $n+1$ racines distinctes $a_1, ..., a_{n+1}$, et en notant qu'alors les coefficients c_0, $c_1, ..., c_n$ sont les solutions du système linéaire :

$$\begin{cases} c_0 + c_1 a_1 + c_2 a_1^2 + ... + c_n a_1^n = 0 \\ c_0 + c_1 a_2 + c_2 a_2^2 + ... + c_n a_2^n = 0 \\ \quad\quad............ \\ c_0 + c_1 a_{n+1} + c_2 a_{n+1}^2 + ... + c_n a_{n+1}^n = 0. \end{cases}$$

Le déterminant de ce système étant $\prod_{1 \le i < j \le n+1}(a_j - a_i)$, il n'est pas nul et le système est de Cramer, donc admet une unique solution, la solution triviale $c_0 = ... = c_n = 0$. Cela permet de conclure à la nullité de $P(X)$.

On trouvera d'autres utilisations du déterminant de Vandermonde au Chapitre 5.

3.3.5 Système linéaire : pivot de Gauss

▶ A la Section 3.2.2 on a déjà décrit comment on pouvait résoudre un système linéaire en utilisant la méthode du pivot de Gauss. A cette occasion on n'avait utilisé que des opérations élémentaires sur les lignes, sauf quelques permutations de colonnes pour échanger des inconnues si cela devenait nécessaire. Une autre façon de comprendre cette méthode consiste à énoncer :

Théorème 46 *Soit $A \in \mathcal{M}(n,p)$. On peut, à partir de A et par opérations élémentaires sur les lignes et les colonnes, obtenir une matrice $T = (t_{ij})$ triangulaire supérieure, c'est-à-dire pour laquelle il existe $r \in [\![1,n]\!]$ tel que $t_{ij} = 0$ si $i > r$ ou $i > j$, avec $t_{11}...t_{rr} \neq 0$. Autrement dit, il existe un nombre fini de matrices W_1, ..., W_s de permutations, d'affinités ou de transvections, et un nombre fini de matrices de transpositions V_1, ..., V_l telles que :*

$$W_s...W_1 A V_1...V_l = T$$

où T est une matrice triangulaire supérieure.

Preuve — Raisonnons par récurrence sur n. La propriété est triviale si $n = 1$. Si $n > 1$, posons $A = (a_{ij})$. Si $A = 0$, la propriété annoncée est triviale. Sinon il est toujours possible de permuter des lignes et des colonnes pour obtenir $a_{11} \neq 0$. En utilisant ce coefficient a_{11} comme pivot pour supprimer les coefficients a_{21}, ..., a_{n1} grâce aux opérations élémentaires :

$$l_i \leftarrow l_i - \frac{a_{i1}}{a_{11}} l_1,$$

on obtient une matrice de la forme :

$$A_1 = \begin{pmatrix} a_{11} & \# & \cdots & \# \\ 0 & & & \\ \vdots & & A'_1 & \\ 0 & & & \end{pmatrix}.$$

Il suffit d'applique l'hypothèse récurrente à A'_1 pour conclure. ∎

La matrice T triangulaire supérieure obtenue est de la forme :

$$T = \begin{pmatrix} t_{11} & \# & \# & \# & \cdots & \# \\ 0 & \ddots & \# & & & \\ 0 & 0 & t_{rr} & \# & \cdots & \# \\ 0 & \cdots & 0 & 0 & \cdots & 0 \\ & & & & & \\ 0 & \cdots & 0 & 0 & \cdots & 0 \end{pmatrix}$$

3.3. OPÉRATIONS ÉLÉMENTAIRES

et la résolution du système $(S) : AX = B$ est décrite par l'équivalence :

$$AX = B \Leftrightarrow TX' = B'$$

où $T = W_s...W_1 A V_1...V_l$ et $B' = W_s...W_1 B V_1...V_l = {}^t(b'_1, ..., b'_n)$. Le vecteur X' est tiré du vecteur X par permutation de ses coordonnées. Plus précisément, si l'on note $W = W_s...W_1$ et $V = V_1...V_l$, alors $T = WAV$ et :

$$AX = B \Leftrightarrow (WAV)(V^{-1}X) = WBV \Leftrightarrow TX' = B'$$

en posant $X = VX'$ et $B' = WBV$. Trouver X' grâce au système triangulaire $TX' = B'$ revient à trouver $X = VX'$.

On remarque en outre que les conditions de compatibilité du système (S) s'écrivent $b'_{r+1} = ... = b'_n = 0$.

▶ Dans le Théorème 46 on peut très bien s'interdire d'utiliser des permutations de colonnes, et sauter une étape chaque fois que l'on tombe sur une colonne nulle. Dans ce cas on n'obtient plus la condition $t_{11}...t_{rr} \neq 0$, mais cela n'est pas grave.

On peut donc énoncer cette version légèrement différente du Théorème 46 :

Théorème 47 *Soit $A \in \mathcal{M}(n, p)$. On peut, à partir de A et par opérations élémentaires sur les lignes, obtenir une matrice $T = (t_{ij})$ triangulaire supérieure, c'est-à-dire pour laquelle il existe $r \in [\![1, n]\!]$ tel que $t_{ij} = 0$ si $i > r$ ou $i > j$. Autrement dit, il existe un nombre fini de matrices $W_1, ..., W_s$ de permutations, d'affinités ou de transvections, telles que :*

$$W_s...W_1 A = T$$

où T est une matrice triangulaire supérieure.

Cette fois-ci la résolution du système (S) s'écrit :

$$AX = B \Leftrightarrow TX = W_s...W_1 B$$

et l'on peut résoudre ce dernier système triangulaire sans troquer X pour un autre vecteur-colonne X' construit avec les inconnues de X placées dans un ordre différent.

▶ Si A est inversible d'ordre n, aucune des colonnes de A, ou des matrices induites A'_1 dans la preuve du Théorème 46, ne seront nulles. Cela signifie que l'on pourra se passer d'échanger des colonnes pour aboutir à T, et relire le Théorème 46 sans utiliser de matrices $V_1, ..., V_l$.

Dans ce cas aussi, la matrice T sera inversible dont n'aura que des éléments diagonaux non nuls.

On peut même s'obliger à n'utiliser que des matrices de transvections à gauche, c'est-à-dire éviter les opérations élémentaires $l_i \leftrightarrow l_i$ et $l_i \leftarrow \lambda l_i$. En effet, dans la preuve du Théorème 46, on commence par obtenir $a_{11} \neq 0$ et pouvoir utiliser a_{11} comme pivot. Si l'on suppose $a_{11} = 0$, comme aucune colonne n'est nulle, il existe i tel que $a_{i1} \neq 0$, et au lieu d'échanger les colonnes 1 et i, on peut utiliser l'opération élémentaire :

$$l_1 \leftarrow l_1 + l_i.$$

On peut donc affirmer qu'il existe des matrices W_1, ..., W_s de transvections telles que :
$$W_s...W_1 A = T$$

avec T triangulaire et $\det T \neq 0$.

Si l'on continue à utiliser les termes diagonaux de T comme pivots pour annuler tous les coefficients de T situés hors de la diagonale principale, en n'utilisant que des opérations élémentaires de la forme $l_i \leftarrow l_i - \lambda l_j$, on obtient des matrices de transvections S_1, ..., S_l et une matrice diagonale D telles que :

$$S_l...S_1 W_s...W_1 A = D = \operatorname{diag}(d_1, ..., d_n).$$

On peut donc énoncer cette version adaptée du Théorème 46 :

Théorème 48 *Toute matrice inversible peut être transformée en une matrice diagonale inversible en utilisant uniquement des multiplications à gauche par des matrices de transvections.*

3.3.6 Calcul d'inverses de matrices

Si $A \in \mathrm{GL}(n)$, le Théorème 48 montre qu'il existe des matrices de transvections W_1, ..., W_s et des nombres d_i non nuls tels que :

$$W_s...W_1 A = D = \operatorname{diag}(d_1, ..., d_n).$$

En utilisant des opérations élémentaires du type $l_i \leftarrow \lambda l_i$, on peut composer à gauche par des matrices d'affinités S_1, ..., S_l pour avoir :

$$S_l...S_1 W_s...W_1 A = I$$

où I est la matrice identité. Ainsi $A^{-1} = S_l...S_1 W_s...W_1$. Pour calculer l'inverse d'une matrice inversible A à l'aide d'opérations élémentaires, il suffit donc

3.3. OPÉRATIONS ÉLÉMENTAIRES

d'appliquer les opérations associées aux matrices W_1, ..., W_s, S_1, ..., S_l à la matrice I. Cela explique pourquoi, dans la pratique, on dispose les calculs comme dans l'exemple ci-dessous.

Exemple — On désire inverser la matrice :
$$A = \begin{pmatrix} 1 & -5 & 0 \\ 2 & 1 & 1 \\ 6 & 2 & 4 \end{pmatrix}.$$

On dessine la matrice :
$$\begin{pmatrix} 1 & -5 & 0 & | & 1 & 0 & 0 \\ 2 & 1 & 1 & | & 0 & 1 & 0 \\ 6 & 2 & 4 & | & 0 & 0 & 1 \end{pmatrix}$$

en juxtaposant la matrice identité à droite, puis on utilise des opérations élémentaires sur les lignes jusqu'à obtenir l'identité dans la partie gauche de la matrice. On trouve :

$$\begin{pmatrix} 1 & -5 & 0 & | & 1 & 0 & 0 \\ 2 & 1 & 1 & | & 0 & 1 & 0 \\ 6 & 2 & 4 & | & 0 & 0 & 1 \end{pmatrix} \rightsquigarrow \begin{pmatrix} 1 & -5 & 0 & | & 1 & 0 & 0 \\ 0 & 11 & 1 & | & -2 & 1 & 0 \\ 0 & 32 & 4 & | & -6 & 0 & 1 \end{pmatrix}$$

$$\rightsquigarrow \begin{pmatrix} 1 & -5 & 0 & | & 1 & 0 & 0 \\ 0 & 11 & 1 & | & -2 & 1 & 0 \\ 0 & 0 & \frac{12}{11} & | & -\frac{2}{11} & -\frac{32}{11} & 1 \end{pmatrix}$$

$$\rightsquigarrow \begin{pmatrix} 1 & -5 & 0 & | & 1 & 0 & 0 \\ 0 & 11 & 0 & | & -\frac{11}{6} & \frac{11}{3} & -\frac{11}{12} \\ 0 & 0 & \frac{12}{11} & | & -\frac{2}{11} & -\frac{32}{11} & 1 \end{pmatrix}$$

$$\rightsquigarrow \begin{pmatrix} 1 & 0 & 0 & | & \frac{1}{6} & \frac{5}{3} & -\frac{5}{12} \\ 0 & 11 & 0 & | & -\frac{11}{6} & \frac{11}{3} & -\frac{11}{12} \\ 0 & 0 & \frac{12}{11} & | & -\frac{2}{11} & -\frac{32}{11} & 1 \end{pmatrix}$$

$$\rightsquigarrow \begin{pmatrix} 1 & 0 & 0 & | & \frac{1}{6} & \frac{5}{3} & -\frac{5}{12} \\ 0 & 1 & 0 & | & -\frac{1}{6} & \frac{1}{3} & -\frac{1}{12} \\ 0 & 0 & 1 & | & -\frac{1}{6} & -\frac{8}{3} & \frac{11}{12} \end{pmatrix}$$

d'où :
$$A^{-1} = \begin{pmatrix} \frac{1}{6} & \frac{5}{3} & -\frac{5}{12} \\ -\frac{1}{6} & \frac{1}{3} & -\frac{1}{12} \\ -\frac{1}{6} & -\frac{8}{3} & \frac{11}{12} \end{pmatrix}.$$

3.3.7 Pivot de Jordan et conséquences

La méthode du pivot de Gauss mise en oeuvre au Théorème 46 est appelée **méthode du pivot de Jordan** si, chaque fois que l'on obtient une colonne non nulle, on s'arrange pour que le pivot soit 1 en utilisant des produits à gauche par des transvections.

L'idée est la suivante. Si :

$$A = \begin{pmatrix} a_{11} & & a_{1p} \\ a_{21} & & a_{2p} \\ \vdots & & \\ a_{n1} & & a_{np} \end{pmatrix} = \begin{bmatrix} l_1 \\ l_2 \\ \vdots \\ l_n \end{bmatrix}$$

est telle que $a_{11} \neq 0$, les l_i étant les lignes de A, on peut toujours déterminer des scalaires λ et μ tels que $U_{12}(\mu) U_{21}(\lambda) A = (c_{ij})$ et $c_{11} = 1$. En effet, si l'on pose $B = U_{12}(\mu) U_{21}(\lambda) A = (b_{ij})$, on obtient :

$$B = U_{12}(\mu) U_{21}(\lambda) \begin{bmatrix} l_1 \\ l_2 \\ \vdots \\ l_n \end{bmatrix} = U_{12}(\mu) \begin{bmatrix} l_1 \\ l_2 + \lambda l_1 \\ \vdots \\ l_n \end{bmatrix} = \begin{bmatrix} l_1 + \mu(l_2 + \lambda l_1) \\ l_2 + \lambda l_1 \\ \vdots \\ l_n \end{bmatrix}$$

puisque les matrices de transvections correspondent à des opérations élémentaires du type $l_i \leftarrow l_i + \lambda l_j$ (Section 3.3.1). Par suite :

$$b_{11} = a_{11} + \mu(a_{21} + \lambda a_{11})$$

et il suffit de choisir λ et μ tels que $b_{11} = a_{11} + \mu(a_{21} + \lambda a_{11}) = 1$ pour conclure. On peut par exemple prendre :

$$\lambda = \frac{1 - a_{21}}{a_{11}} \quad \text{et} \quad \mu = 1 - a_{11}.$$

On peut maintenant relire les preuves des Théorèmes 46, 47 et 48 en s'arrangeant pour sans cesse remplacer les pivots diagonaux par des 1 en utilisant des multiplications à gauche par des matrices de transvections. On laisse bien sûr le dernier coefficient diagonal sans changement, puisque pour obtenir 1 en utilisant le produit $U_{12}(\mu) U_{21}(\lambda)$ il est nécessaire de disposer d'au moins deux lignes.

On obtient cette amélioration du Théorème 48 :

Théorème 49 *Toute matrice inversible A peut être transformée en une matrice diagonale inversible dont tous les éléments diagonaux sont des 1 sauf*

3.3. OPÉRATIONS ÉLÉMENTAIRES

peut-être le dernier, en utilisant des multiplications à gauche par des matrices de transvections. Autrement dit, il existe un nombre fini de matrices de transvections $W_1, ..., W_s$ telles que :

$$W_s...W_1 A = \begin{pmatrix} 1 & 0 & \cdots & & 0 \\ 0 & \ddots & & & \vdots \\ \vdots & & & 1 & 0 \\ 0 & \cdots & & 0 & \delta \end{pmatrix} = D_n(\delta)$$

avec $\delta = \det A$.

Ce théorème entraîne immédiatement :

Théorème 50 *Soit $A \in \mathrm{GL}(n)$. Il existe une et une seule matrice U de $\mathrm{GL}(n)$ et un et un seul scalaire δ telle que $A = U \times D_n(\delta)$. La matrice U est un produit de matrices de transvections et $\delta = \det A$. Le groupe $\mathrm{GL}(n)$ est donc engendré par les affinités et les transvections.*

Preuve — L'existence de la décomposition $A = U \times D_n(\det A)$ est assurée par le Théorème 49 puisque, avec les notations de ce théorème, si nous écrivons $W_s...W_1 A = D_n(\det A)$ nous obtenons $A = W_1^{-1}...W_s^{-1} D_n(\det A)$, et il est facile de voir que l'inverse d'une matrice de transvection est encore une matrice de transvection (voir remarque plus bas). L'unicité de la décomposition est facile à vérifier car si :

$$A = U \times D_n(\delta) = U' \times D_n(\delta'),$$

il suffit de calculer le déterminant de ces matrices pour obtenir $\det A = \delta = \delta'$, puis $U = U'$ puisque la matrice d'affinité $D_n(\det A)$ est inversible. ∎

Remarque — Pour vérifier que l'inverse d'une matrice de transvection $U_{ij}(\lambda)$ est encore une matrice de transvection, on peut appeler u l'endomorphisme de matrice $U_{ij}(\lambda)$ dans la base canonique $e = (e_1, ..., e_n)$ de $\mathbb{R}^n$, et noter que par définition de $U_{ij}(\lambda)$:

$$u(e_k) = \begin{cases} e_k & \text{si } k \neq j \\ e_k + \lambda e_i & \text{si } k = j. \end{cases}$$

Donc $u^{-1}(e_k) = e_k$ si $k \neq j$, et $e_j = u^{-1}(e_j) + \lambda u^{-1}(e_i) = u^{-1}(e_j) + \lambda e_i$ donc $u^{-1}(e_j) = e_j - \lambda e_i$. Finalement :

$$u^{-1}(e_k) = \begin{cases} e_k & \text{si } k \neq j \\ e_k - \lambda e_i & \text{si } k = j \end{cases}$$

et $U_{ij}(\lambda)^{-1} = U_{ij}(-\lambda)$. Une autre façon d'arriver à ce résultat est d'utiliser la formule :

$$U_{lc}(\lambda) U_{l'c'}(\mu) = I + \lambda E_{lc} + \mu E_{l'c'} + \lambda\mu \delta_{cl'} E_{lc'}$$

démontrée à la Section 3.3.1 p. 71 pour vérifier que $U_{ij}(\lambda) U_{ij}(-\lambda) = I$.

Voici une conséquence du Théorème 50 :

Théorème 51 *Le sous-groupe spécial linéaire* $\mathrm{SL}(n)$ *de* $\mathrm{GL}(n)$, *défini par* $\mathrm{SL}(n) = \{A \in \mathrm{GL}(n) \;/\; \det A = 1\}$, *est engendré par les matrices de transvections.*

Et en voici une autre :

Théorème 52 *Deux matrices A et B de $\mathcal{M}(n,p)$ sont équivalentes si, et seulement si, on peut passer de l'une à l'autre par une succession d'opérations élémentaires.*

Preuve — Deux matrices A et B sont équivalentes si, et seulement si, il existe des matrices inversibles P et Q telles que $B = PAQ$. Si c'est le cas, le Théorème 49 montre que P et Q s'écrivent :

$$\begin{cases} P = U_1...U_s \times D_n(\det P) \\ Q = V_1...V_m \times D_p(\det Q) \end{cases}$$

où les U_i et les V_j sont des matrices de transvections, d'où :

$$B = U_1...U_s \times D_n(\det P) \times A \times V_1...V_m \times D_p(\det Q).$$

D'après la Section 3.3.1, cette égalité signifie que B se déduit de A par une succession d'opérations élémentaires sur les lignes ou les colonnes. La réciproque est triviale. ■

Chapitre 4

Matrices à coefficients dans un anneau

4.1 Introduction et théorème de la dimension

On peut relire la Section 1 et certaines parties de la Section 2 en remplaçant le corps K par un anneau commutatif A. Dans ce cas l'espace vectoriel E sur le corps K devient un module sur l'anneau A.

Dans un A-module, on dispose naturellement des notions de partie génératrice et de partie libre, et l'on peut recommencer une partie du développement habituel concernant les espaces vectoriels.

On dit qu'un A-module E est :
 - de **type fini** s'il possède au moins un système générateur fini.
 - **libre** s'il possède au moins une base.

Le Théorème de la base incomplète n'est plus valide, *a priori*, dans un A-module, ce qui empêche de parler facilement de bases d'un A-module. Mais on peut s'intéresser aux A-modules libres de types finis :

Théorème 53 *Soit E un A-module libre de type fini. Alors toutes les bases de E sont de cardinal fini.*

Preuve — Par hypothèse E admet à la fois une base $(e_i)_{i \in I}$ et un système générateur fini $(g_1, ..., g_m)$. Tout élément de E s'exprime comme une combinaison linéaire de $g_1, ..., g_m$ qui, eux-mêmes, s'expriment comme des combinaisons linéaires d'un nombre fini de vecteurs e_i. On en déduit que tout élément de E s'exprime comme une combinaison linéaire d'un nombre fini de vecteurs appartenant à une certaine famille $(e_i)_{i \in J}$ où J est une partie finie de I.

Si I n'était pas égal à J, il existerait $i_0 \in J\setminus I$ et e_{i_0} s'exprimerait comme une combinaison linéaire des vecteurs de $(e_i)_{i\in J}$, ce qui contredit la caractère libre de la famille $(e_i)_{i\in I}$. Donc $I = J$ et I est fini. ∎

Si $e = (e_1, ..., e_n)$ est une base finie d'un A-module E, on peut définir le déterminant d'un système d'éléments $(x_1, ..., x_n) \in E^n$ dans la base e en posant comme dans la Définition 6 :

$$\det\nolimits_e(x_1, ..., x_n) = \sum_{\sigma \in \mathfrak{S}_n} \varepsilon(\sigma) \lambda_{\sigma(1)1}...\lambda_{\sigma(n)n} \quad (*)$$

où $x_j = \sum_{i=1}^n \lambda_{ij} e_i$ pour tout j.

L'utilisation des déterminants permet de démontrer que le Théorème de la dimension, vrai pour les espaces vectoriels, reste vrai pour les A-modules libres de types finis :

Théorème 54 (*Théorème de la dimension pour un A-module libre de type fini*) *Soit A un anneau commutatif. Toutes les bases d'un A-module libre de type fini ont le même nombre (fini) d'élément.*

Preuve — Soit E un A-module libre de type fini. Le Théorème 53 montre que toutes les bases de E sont de cardinal fini, mais nous pouvons oublier ce résultat qui sera une conséquence du raisonnement ci-dessous.

Raisonnons par l'absurde en supposant qu'il existe deux bases $e = (e_1, ..., e_n)$ et $f = (f_i)_{i\in I}$ de E, la première base e étant de cardinal n, et la seconde f finie ou infinie, mais supposée contenir strictement plus que n éléments. On peut extraire une famille libre $(f_i)_{i\in J}$ de p éléments de $(f_i)_{i\in I}$, avec $p > n$.

Soient F et G les sous-modules de E engendrés par les systèmes libres respectifs $(f_i)_{i\in J}$ et $(f_i)_{i\in I\setminus J}$.

On a $E = F \oplus G$, et l'on peut considérer la projection π sur F parallèlement à G. On peut aussi considérer le déterminant $\det_{(f_i)_{i\in J}}$ dans la base $(f_i)_{i\in J}$ de n'importe quelle famille de p vecteurs de F. Ce déterminant est une forme p-linéaire alternée non nulle sur F, et l'on peut définir l'application :

$$\Delta : \quad E^n \to A$$
$$(x_1, ..., x_n) \mapsto \det\nolimits_{(f_i)_{i\in J}}(\pi(x_1), ..., \pi(x_n)).$$

On constate que Δ est une forme p-linéaire alternée non nulle sur E, ce qui est impossible car $p > n$, en vertu du raisonnement mené dans la Section 2.1 p. 13. ∎

4.2. DÉTERMINANTS

Le Théorème 54 nous offre une alternative pour la preuve du Théorème de la dimension pour les espaces vectoriels ([3] Théorème 22), et permet de généraliser la notion de dimension au cas des A-module libre de type fini, en posant :

Définition 23 *Le **rang** d'un A-module libre de type fini est égal au nombre d'élément de l'une de ses bases.*

4.2 Déterminants

Si A est un anneau commutatif, on peut définir :

- le déterminant dans une base d'un A-module libre de type fini (de rang ≥ 1) en utilisant la relation $(*)$ vue dans la Section précédente, donc en procédant comme dans la Section 2.1.

- le déterminant d'une matrice à coefficients dans A, en procédant comme dans la Section 2.2.

- le déterminant d'un endomorphisme d'un A-module libre de type fini (de rang ≥ 1) en procédant comme dans la Section 2.3.

Toutes les propriétés déjà énoncées restent vraies à l'exception des propriétés où interviennent des divisions par des éléments du corps de référence K. Si K est remplacé par un anneau A, tous les éléments non nuls de A ne sont plus forcément inversibles dans A, et il n'y a par exemple aucune chance pour qu'une formule comme celle donnant l'inverse d'une matrice :

$$M^{-1} = \frac{1}{\det M} \, {}^t\mathrm{com}\, M$$

continue d'être valide dès que $\det M \neq 0$. Dans ce cas, on peut relire la preuve du Théorème 26 p. 35 et s'arrêter à la formule :

$$M \times {}^t\mathrm{com}\, M = \det M \times I,$$

ce qui n'est pas déjà si mal puisque permet de déduire le :

Théorème 55 *Soient $n \in \mathbb{N}^*$ et $\mathcal{M}_n(A)$ l'anneau des matrices carrées de taille n à coefficients dans un anneau commutatif A. Une matrice M de $\mathcal{M}_n(A)$ est inversible dans l'anneau $\mathcal{M}_n(A)$ si et seulement si l'élément $\det M$ est inversible dans A, et dans ce cas :*

$$M^{-1} = (\det M)^{-1} \, {}^t\mathrm{com}\, M.$$

Preuve — Si $\det M$ est inversible dans A, il suffit de raisonner comme dans la preuve du Théorème 26 p. 35 pour obtenir :
$$M \times {}^t\text{com}\, M = \det M \times I,$$
et en déduire que $M \times [(\det M)^{-1}\, {}^t\text{com}\, M] = I$ puisque $(\det M)^{-1}$ a un sens. Cela montre que M est inversible et $M^{-1} = (\det M)^{-1}\, {}^t\text{com}\, M$.

Réciproquement, si M est inversible dans $\mathcal{M}_n(A)$, il existe $N \in \mathcal{M}_n(A)$ telle que $MN = NM = I$, et comme le déterminant est multiplicatif :
$$\det M \times \det N = 1$$
ce qui prouve que $\det M$ est inversible dans A. ∎

Les deux Sections suivantes montrent deux utilisation de la notion de déterminant d'une matrice à coefficients dans un anneau commutatif.

4.3 Polynôme caractéristique d'un endomorphisme

Si E est un espace vectoriel de dimension finie n sur un corps commutatif K, et si u est un endomorphisme de E, on appelle **valeur propre** de u tout scalaire λ tel qu'il existe un vecteur non nul x de E tel que $u(x) = \lambda x$.

Un scalaire λ est donc une valeur propre de u si et seulement si la partie :
$$E(\lambda) = \{x \in E \,/\, u(x) = \lambda x\}$$
n'est pas réduite à $\{0\}$. On remarque que $E(\lambda) = \text{Ker}(u - \lambda Id)$ est un sous-espace vectoriel de E, et que :

$$\begin{aligned}
\lambda \text{ valeur propre de } u \quad &\Leftrightarrow \quad \text{Ker}(u - \lambda Id) \neq \{0\} \\
&\Leftrightarrow \quad u - \lambda Id \text{ non bijective} \\
&\Leftrightarrow \quad \det(u - \lambda Id) = 0.
\end{aligned}$$

Si $M = \text{Mat}(u; e)$ désigne la matrice de u dans une base $e = (e_1, ..., e_n)$ de E, on peut ainsi écrire :
$$\lambda \text{ valeur propre de } u \quad \Leftrightarrow \quad \det(M - \lambda I) = 0.$$

On dit que :
$$\chi_u(X) = \det(M - XI)$$
est le **polynôme caractéristique de** u. On l'obtient en développant le déterminant de la matrice $M - XI$ dont les coefficients appartiennent à l'anneau $K[X]$ des polynômes à coefficients dans K. On peut énoncer :

4.3. POLYNÔME CARACTÉRISTIQUE D'UN ENDOMORPHISME

λ est une valeur propre de u si et seulement si c'est une racine du polynôme caractéristique de u.

Trois points importants découlent directement des propriétés des déterminants :

• Le polynôme caractéristique $\chi_u(X)$ est bien défini car il est indépendant du choix de la base e de E dans laquelle on écrit la matrice M de u. En effet, si N désigne la matrice de u dans une autre base, on sait qu'il existe une matrice inversible P telle que $N = P^{-1}MP$, et :

$$\begin{aligned} \det(N - XI) &= \det(P^{-1}MP - XI) \\ &= \det(P^{-1}MP - P^{-1}(XI)P) \\ &= \det P^{-1} \times \det(M - XI) \times \det P \\ &= \det(M - XI). \end{aligned}$$

• Si $\operatorname{Tr} u$ et $\det u$ désignent respectivement la trace et le déterminant de u, alors :

$$\chi_u(X) = (-1)^n X^n + (-1)^{n-1} \operatorname{Tr} u \, X^{n-1} + \ldots + \det u.$$

En effet, si $M = (a_{ij})$ est la matrice de u dans une base $e = (e_1, \ldots, e_n)$ de E,

$$\chi_u(X) = \begin{vmatrix} a_{11} - X & a_{12} & \ldots & \ldots & a_{1n} \\ a_{21} & a_{22} - X & & & \vdots \\ \vdots & \vdots & & & \vdots \\ \vdots & \vdots & & & \vdots \\ a_{n1} & \ldots & \ldots & \ldots & a_{nn} - X \end{vmatrix}$$

$$= (a_{11} - X)(a_{22} - X) \ldots (a_{nn} - X) + Q(X) \quad (*)$$

où $Q(X)$ est un polynôme de degré inférieur ou égal à $n - 2$.

Pour le voir, on note $M - XI = (b_{ij})$ et l'on utilise l'expression suivante du déterminant de (b_{ij}) :

$$\chi_u(X) = \det(b_{ij}) = \sum_{\sigma \in \mathfrak{S}_n} \varepsilon(\sigma) b_{\sigma(1)1} \ldots b_{\sigma(n)n}$$

où $\mathfrak{S}_n$ désigne le groupe symétrique d'ordre n. Le produit $b_{\sigma(1)1} \ldots b_{\sigma(n)n}$ est obtenu en multipliant l'un des coefficient de la première colonne de (b_{ij}) par un coefficient de la seconde colonne de (b_{ij}) qui n'est pas situé sur la même ligne que le précédent, puis en multipliant le produit obtenu par un coefficient de la troisième colonne de (b_{ij}) situé sur une ligne différente des deux lignes utilisées précédemment, et ainsi de suite.

En conservant cette procédure en mémoire, on constate que :

- Si $\sigma = Id$, le terme $\varepsilon(\sigma) b_{\sigma(1)1}...b_{\sigma(n)n}$ est égal à $b_{11}...b_{nn}$, soit à :

$$(a_{11} - X)(a_{22} - X)...(a_{nn} - X)$$

et l'on retrouve le premier terme de la somme $(*)$.

- Si $\sigma \neq Id$, il existe deux indices <u>distincts</u> i_0 et j_0 tels que $\sigma(j_0) = i_0$. Dans ce cas $\sigma(j_0) \neq j_0$ et $\sigma(i_0) \neq i_0$ donc les coefficients $b_{\sigma(j_0)j_0}$ et $b_{\sigma(i_0)i_0}$ ne sont pas sur la diagonale principale de $M - XI$. Ce sont forcément des constantes dans K. On peut donc affirmer que dans le produit $\varepsilon(\sigma) b_{\sigma(1)1}...b_{\sigma(n)n}$ il y a tout au plus $n - 2$ facteurs qui seront des polynômes du premier degré en X (provenant des coefficients de la diagonale principale de $M - XI$). Cela indique que $\varepsilon(\sigma) b_{\sigma(1)1}...b_{\sigma(n)n}$ est un polynôme de degré inférieur ou égal à $n - 2$.

L'expression $(*)$ de $\chi_u(X)$ est donc tout à fait justifiée, et nous donne accès aux deux termes de plus hauts degrés de $\chi_u(X)$. On obtient :

$$\chi_u(X) = (-1)^n X^n + (-1)^{n-1} \left(\sum_{i=1}^n a_{ii} \right) X^{n-1} + ... + \chi_u(0)$$

soit :

$$\chi_u(X) = (-1)^n X^n + (-1)^{n-1} \operatorname{Tr} u \, X^{n-1} + ... + \det u.$$

• Comme le polynôme caractéristique $\chi_u(X)$ ne dépend que de l'endomorphisme u, et non des coefficients de la matrice M qui le représente dans une base de E, on peut affirmer que $\chi_u(X)$ est un invariant associé à u et qu'il en est de même de tous ses coefficients.

Ce sera en particulier le cas pour le nombre $\operatorname{Tr} u = \sum_{i=1}^n a_{ii}$, ce que l'on a supposé un peut rapidement un plus haut en proposant une notation $\operatorname{Tr} u$ qui ne dépend que de u et non de la matrice M qui représente u. A *posteriori*, nous voyons que nous avons eu raison de le faire.

4.4 Théorème de Cayley-Hamilton.

L'utilisation des déterminants permet de démontrer bien astucieusement le résultat suivant :

> **Théorème de Cayley-Hamilton** — Soit E un espace vectoriel de dimension finie sur un corps commutatif K. Alors tout endomorphisme u de E annule son polynôme caractéristique $\chi_u(X)$. Autrement dit :
> $$\chi_u(u) = 0.$$

4.4. THÉORÈME DE CAYLEY-HAMILTON.

Le symbole $\chi_u(u)$ représente l'endomorphisme de E obtenu en substituant u à l'indéterminée X dans l'expression du polynôme caractéristique χ_u de u. Par définition :
$$\chi_u(X) = \det(M - XI)$$
où $M = \text{Mat}(u; e)$ désigne la matrice de u dans une base $e = (e_1, ..., e_n)$ de E. On sait que :
$$(M - XI)\,{}^t\text{com}(M - XI) = \det(M - XI)\,I$$
où les matrices qui interviennent sont à coefficients dans l'anneau $K[X]$ des polynômes à coefficients dans K. Comme tous les coefficients de la comatrice $\text{com}(M - XI)$ de $M - XI$ sont des polynômes de degrés inférieurs ou égaux à $n-1$, on peut écrire :
$$ {}^t\text{com}(M - XI) = A_{n-1}X^{n-1} + ... + A_1 X + A_0 $$
où les A_i sont des matrices carrées de taille n. Si l'on pose :
$$\det(M - XI) = \chi_M(X) = \sum_{i=1}^{n} a_i X^i,$$
on obtient :
$$(M - XI).\left(A_{n-1}X^{n-1} + ... + A_1 X + A_0\right) = \left(\sum_{i=1}^{n} a_i X^i\right) I.$$

Il suffit d'égaler les coefficients de ces polynômes pour obtenir :
$$\begin{cases} -A_{n-1} &= a_n I & \times M^n \\ MA_{n-1} - A_{n-2} &= a_{n-1} I & \times M^{n-1} \\ ... &= ... & ... \\ MA_k - A_{k-1} &= a_k I & \times M^k \\ ... &= ... & ... \\ MA_1 - A_0 &= a_1 I & \times M \\ MA_0 &= a_0 I. & \end{cases}$$

En multipliant chaque ligne comme indiqué puis en additionnant les égalités membre à membre, on obtient :
$$0 = a_n M^n + a_{n-1} M^{n-1} + ... + a_0 I,$$
c'est-à-dire $\chi_M(M) = 0$.

Chapitre 5

Exercices choisis

Les exercices de ce chapitre sont extraits des volumes II et III de la collection *Acquisition des fondamentaux pour les concours* ([5], [6]) et du livre d'*Exercices et problèmes de mathématiques pour le CAPES et l'agrégation interne, Millésime 2016* [7].

Ils ont été choisis et proposés ici pour agrémenter ce volume des DOSSIERS MATHEMATIQUES de quelques applications supplémentaires sur le thème des déterminants et des systèmes linéaires.

Les exercices étant de difficultés inégales, le lecteur ne se privera pas de lire la solution dès qu'il en ressent le besoin.

5.1 Polynômes d'interpolation de Lagrange

Exercice 1 *Soit n un entier naturel. Soient b_0, ..., b_n des réels distincts deux à deux, et c_0, ..., c_n une famille de $n+1$ réels quelconques. En résolvant un système linéaire, démontrer qu'il existe un un seul polynôme $P(X)$ à coefficients réels, de degré inférieur ou égal à n, tel que $P(b_i) = c_i$ pour tout $i \in \{0, ..., n\}$.*

Solution — Il s'agit de chercher tous les polynômes :

$$P(X) = \alpha_n X^n + \alpha_{n-1} X^{n-1} + ... + \alpha_1 X + \alpha_0$$

tels que $P(b_i) = c_i$ quel que soit $i \in [\![0, n]\!]$. On doit donc résoudre le système suivant d'inconnue $(\alpha_0, ..., \alpha_n)$:

$$(S) \quad \begin{cases} \alpha_n b_0^n + \alpha_{n-1} b_0^{n-1} + ... + \alpha_1 b_0 + \alpha_0 = c_0 \\ \alpha_n b_1^n + \alpha_{n-1} b_1^{n-1} + ... + \alpha_1 b_1 + \alpha_0 = c_1 \\ \quad\quad\quad\quad \cdots\cdots\cdots \\ \alpha_n b_n^n + \alpha_{n-1} b_n^{n-1} + ... + \alpha_1 b_n + \alpha_0 = c_n. \end{cases}$$

Le déterminant de ce système est :

$$\begin{vmatrix} b_0^n & b_0^{n-1} & \cdots & b_0 & 1 \\ b_1^n & b_1^{n-1} & \cdots & b_1 & 1 \\ \vdots & & & & \vdots \\ b_n^n & b_n^{n-1} & \cdots & b_n & 1 \end{vmatrix}.$$

On reconnaît le déterminant de Vandermonde égal à $\prod_{i<j}(b_i - b_j)$. Comme tous les b_i sont distincts entre eux deux à deux, ce déterminant n'est pas nul, par conséquent (S) est un système de Cramer, et à ce titre (S) admet une et une seule solution.

Remarques — α) Le polynôme que l'on recherche ici est :

$$P(X) = \sum_{i=0}^{n} c_i \frac{(X - b_0)...\widehat{(X - b_i)}...(X - b_n)}{(b_i - b_0)...\widehat{(b_i - b_i)}...(b_i - b_n)},$$

où le chapeau au-dessus d'un terme signifie que ce terme a été supprimé. Il s'agit du polynôme d'interpolation de Lagrange associé aux suites $(b_0, ..., b_n)$ et $(c_0, ..., c_n)$ ([4], Question 485).

β) Entre nous, voici une petite astuce. Comment faire pour donner la bonne formule de Vandermonde ? Ici, le déterminant cherché est un produit de différences des b_i car on se rappelle facilement de la forme générale de la formule, mais que choisir entre $\prod_{i<j}(b_i - b_j)$ et $\prod_{i<j}(b_j - b_i)$? Il faut faire un test en calculant un déterminant du même type mais de rang 2. Ici, on obtient :

$$\begin{vmatrix} b_0 & 1 \\ b_1 & 1 \end{vmatrix} = b_0 - b_1$$

donc il faudra écrire les différences sous la forme $b_i - b_j$ avec $i > j$. Cela fonctionne à tous les coups avec les déterminants de Vandermonde !

5.2 Produit mixte

Question 1 *E désigne un espace vectoriel euclidien orienté de dimension 3. Montrer que le déterminant d'un triplet $(\vec{u}, \vec{v}, \vec{w})$ de E^3 est indépendant du choix de la base orthonormale directe de E utilisée pour le définir, autrement dit, montrer que, pour toutes bases orthonormales directes $\mathcal{B}$ et $\mathcal{B}'$ de E,*

$$\forall (\vec{u}, \vec{v}, \vec{w}) \in E^3 \quad \det_{\mathcal{B}'}(\vec{u}, \vec{v}, \vec{w}) = \det_{\mathcal{B}}(\vec{u}, \vec{v}, \vec{w}).$$

Solution — Première solution — Soient $\mathcal{B} = (\vec{i}, \vec{j}, \vec{k})$ et $\mathcal{B}' = (\vec{i'}, \vec{j'}, \vec{k'})$ deux bases orthonormales directes de E. On sait que l'espace vectoriel Λ des formes trilinéaires alternées est de dimension 1 (Théorème 8 p. 16), donc il existe $\lambda \in \mathbb{R}$ tel que :

$$\forall (\vec{u}, \vec{v}, \vec{w}) \in E^3 \quad \det_{\mathcal{B}'}(\vec{u}, \vec{v}, \vec{w}) = \lambda \det_{\mathcal{B}}(\vec{u}, \vec{v}, \vec{w}).$$

En particulier $\det_{\mathcal{B}'}(\vec{i}, \vec{j}, \vec{k}) = \lambda \det_{\mathcal{B}}(\vec{i}, \vec{j}, \vec{k}) = \lambda$, et λ apparaît comme le déterminant de la matrice $P^{\mathcal{B}}_{\mathcal{B}'}$ de passage de la base $\mathcal{B}'$ vers la base $\mathcal{B}$. Comme $\mathcal{B}$ et $\mathcal{B}'$ sont des bases orthonormales directes, cette matrice est orthogonale positive, donc de déterminant 1. Par suite $\lambda = \det P^{\mathcal{B}}_{\mathcal{B}'} = 1$ et :

$$\forall (\vec{u}, \vec{v}, \vec{w}) \in E^3 \quad \det_{\mathcal{B}'}(\vec{u}, \vec{v}, \vec{w}) = \det_{\mathcal{B}}(\vec{u}, \vec{v}, \vec{w}).$$

Seconde solution — Soient $\mathcal{B} = (\vec{e}_1, \vec{e}_2, \vec{e}_3)$ et $\mathcal{B}' = (\vec{e}\,'_1, \vec{e}\,'_2, \vec{e}\,'_3)$ deux bases orthonormales directes de E, et $\vec{u}_1, \vec{u}_2, \vec{u}_3$ trois vecteurs quelconques de E. Les endomorphismes f, g, h définis par :

$$\forall i \in \{1, 2, 3\} \quad f(\vec{e}_i) = \vec{e}\,'_i \,; \quad g(\vec{e}\,'_i) = \vec{u}_i \,; \quad h(\vec{e}_i) = \vec{u}_i,$$

vérifient $h = g \circ f$, de sorte que $\det h = (\det g) \times (\det f)$.

Comme $\det g = \det_{\mathcal{B}'}(\vec{u}_1, \vec{u}_2, \vec{u}_3)$, $\det h = \det_{\mathcal{B}}(\vec{u}_1, \vec{u}_2, \vec{u}_3)$ et $\det f = 1$ (puisque f est un endomorphisme orthogonal positif du fait qu'il transforme une base orthonormale directe en une base orthonormale directe), le résultat s'en déduit.

Remarques — Le déterminant de $(\vec{u}, \vec{v}, \vec{w})$ dans une base orthonormale directe est appelé **produit mixte** de $\vec{u}, \vec{v}, \vec{w}$, et noté $[\vec{u}, \vec{v}, \vec{w}]$, parce que l'on peut vérifier que :

$$\forall (\vec{u}, \vec{v}, \vec{w}) \in E^3 \quad [\vec{u}, \vec{v}, \vec{w}] = (\vec{u} \wedge \vec{v}).\vec{w} \quad (*)$$

où $\wedge$ et . désignent le produit vectoriel et le produit scalaire sur E. Il est intéressant de noter que la relation $(*)$ permet de définir le produit vectoriel de deux vecteurs de façon rapide et convaincante ! Il est aussi utile de réaliser que l'on peut définir le produit mixte de n vecteurs dans un espace vectoriel euclidien de dimension n de la même façon que dans ce travail en dimension 3.

5.3 Application à la géométrie

Exercice 2 *Pouvez-vous énoncer une CNS de colinéarité de deux vecteurs $\vec{u}$ $(x_1, ..., x_n)$ et $\vec{v}$ $(y_1, ..., y_n)$ de $\mathbb{R}^n$ utilisant des déterminants 2×2 ? Proposez une preuve.*

Solution — Les vecteurs $\vec{u}$ $(x_1, ..., x_n)$ et $\vec{v}$ $(y_1, ..., y_n)$ sont colinéaires si et seulement si :

$$\forall (i,j) \in \{1, ..., n\}^2 \quad \begin{vmatrix} x_i & y_i \\ x_j & y_j \end{vmatrix} = 0.$$

($\Rightarrow$) La condition est clairement nécessaire, puisque si $\vec{u}$ et $\vec{v}$ sont colinéaires, il existe un scalaire λ tel que $\vec{u} = \lambda \vec{v}$ ou $\vec{v} = \lambda \vec{u}$. On peut par exemple supposer $\vec{u} = \lambda \vec{v}$. Alors :

$$\forall (i,j) \in \{1, ..., n\}^2 \quad \begin{vmatrix} x_i & y_i \\ x_j & y_j \end{vmatrix} = \begin{vmatrix} \lambda y_i & y_i \\ \lambda y_j & y_j \end{vmatrix} = \lambda y_i y_j - \lambda y_j y_i = 0.$$

($\Leftarrow$) Réciproquement, il s'agit de prouver que la nullité de tous les déterminants 2×2 entraîne la colinéarité de $\vec{u}$ et $\vec{v}$. Par hypothèse :

$$\forall i, j \in \{1, ..., n\} \quad x_i y_j - x_j y_i = 0.$$

Si $y_i = 0$ pour tout i, le vecteur $\vec{v}$ est nul, donc colinéaire à n'importe quel vecteur, et en particulier à $\vec{u}$. Sinon, il existe au moins un indice $i_0 \in [\![1, n]\!]$ tel que $y_{i_0} \neq 0$, et l'on a :

$$\forall j \in \{1, ..., n\} \quad x_{i_0} y_j = x_j y_{i_0}$$

soit :

$$\forall j \in \{1, ..., n\} \quad x_j = \frac{x_{i_0}}{y_{i_0}} y_j.$$

Il existe donc un réel $\lambda = x_{i_0}/y_{i_0}$ tel que $\vec{u} = \lambda \vec{v}$, et les vecteurs $\vec{u}$ et $\vec{v}$ sont colinéaires.

5.3. APPLICATION À LA GÉOMÉTRIE

Exercice 3 *Dans le plan affine, on considère trois points A_i de coordonnées (x_i, y_i) $(0 \leq i \leq 2)$. Montrez que ces points sont alignés si et seulement si :*

$$\begin{vmatrix} x_0 & x_1 & x_2 \\ y_0 & y_1 & y_2 \\ 1 & 1 & 1 \end{vmatrix} = 0.$$

Solution — On a :

$$(A_1, A_2, A_3 \text{ alignés}) \Leftrightarrow \det(\overrightarrow{A_0 A_1}, \overrightarrow{A_0 A_2}) = 0$$

$$\Leftrightarrow \begin{vmatrix} x_1 - x_0 & x_2 - x_0 \\ y_1 - y_0 & y_2 - y_0 \end{vmatrix} = 0$$

$$\Leftrightarrow \begin{vmatrix} x_0 & x_1 - x_0 & x_2 - x_0 \\ y_0 & y_1 - y_0 & y_2 - y_0 \\ 1 & 0 & 0 \end{vmatrix} = 0.$$

En additionnant la première colonne du déterminant obtenu aux deux autres colonnes, on obtient bien :

$$(A_1, A_2, A_3 \text{ alignés}) \Leftrightarrow \begin{vmatrix} x_0 & x_1 & x_2 \\ y_0 & y_1 & y_2 \\ 1 & 1 & 1 \end{vmatrix} = 0.$$

Exercice 4 *On considère trois droites D_i $(1 \leq i \leq 3)$ d'un plan affine, d'équations $a_i x + b_i y + c_i = 0$ dans un repère donné du plan. Montrer que ces trois droites sont concourantes ou parallèles si et seulement si :*

$$\begin{vmatrix} a_1 & b_1 & c_1 \\ a_2 & b_2 & c_2 \\ a_3 & b_3 & c_3 \end{vmatrix} = 0.$$

Solution — Posons $\Delta = \begin{vmatrix} a_1 & b_1 & c_1 \\ a_2 & b_2 & c_2 \\ a_3 & b_3 & c_3 \end{vmatrix}$.

($\Rightarrow$) Si les trois droites sont parallèles, alors les 3 déterminants $\begin{vmatrix} a_i & b_i \\ a_j & b_j \end{vmatrix}$ ($1 \leq i < j \leq 3$) sont nuls et il suffit de développer Δ suivant la dernière colonne pour obtenir $\Delta = 0$. Si les trois droites sont concourantes, il existe un point M de coordonnées (x_0, y_0) tel que le triplet $(x_0, y_0, 1)$ soit solution non triviale du système linéaire homogène :

$$(S) \quad \begin{cases} a_1 x + b_1 y + c_1 z = 0 \\ a_2 x + b_2 y + c_2 z = 0 \\ a_3 x + b_3 y + c_3 z = 0. \end{cases}$$

Ce système n'est donc pas de Cramer et son déterminant Δ sera nul.

($\Leftarrow$) Si $\Delta = 0$, le système (S) admet au moins une solution (x_0, y_0, z_0) différente de $(0, 0, 0)$. De deux choses l'une :

a) S'il existe au moins un déterminant $\begin{vmatrix} a_i & b_i \\ a_j & b_j \end{vmatrix}$ $(1 \leq i < j \leq 3)$ non nul, disons $\begin{vmatrix} a_1 & b_1 \\ a_2 & b_2 \end{vmatrix} \neq 0$, alors (x_0, y_0) est solution du système de Cramer :

$$\begin{cases} a_1 x_0 + b_1 y_0 = -c_1 z_0 \\ a_2 x_0 + b_2 y_0 = -c_2 z_0. \end{cases}$$

Dans ce cas $z_0 \neq 0$ (sinon le système précédent ne possède que la solution triviale $(x_0, y_0) = (0, 0)$, ce qui contredit le choix de (x_0, y_0, z_0)) et le triplet $(x_0/z_0, y_0/z_0, 1)$ sera solution de (S). Cela signifie que le point de coordonnées $(x_0/z_0, y_0/z_0)$ appartient aux trois droites D_i.

b) Si tous les déterminants $\begin{vmatrix} a_i & b_i \\ a_j & b_j \end{vmatrix}$ $(1 \leq i < j \leq 3)$ sont nuls, les trois droites D_i sont parallèles.

Exercice 5 *Une application affine F du plan dans lui-même est définie analytiquement par des équations du type :*

$$\begin{cases} x' = ax + by + c \\ y' = dx + ey + f \end{cases}$$

faisant intervenir six paramètres réels. Pour définir entièrement une telle application, on a donc a priori besoin de connaître les images de trois points. Considérons donc trois points A_i de coordonnées (x_i, y_i), et trois points B_i de coordonnées (x'_i, y'_i) (avec $0 \leq i \leq 2$). Ecrivez le système (S) qui doit être vérifié par les coefficients a, b, ..., f pour que F amène A_i sur B_i quel que soit i. Quand ce système admet-il une unique solution ? Que peut-on alors dire des points A_i ?

Solution — Cet exercice est inspiré d'un passage du livre de Lingrand sur le traitement numérique des images [1].

On doit résoudre le système suivant à 6 équations et 6 inconnues :

$$(S) \begin{cases} ax_0 + by_0 + c = x'_0 \\ dx_0 + ey_0 + f = y'_0 \\ ax_1 + by_1 + c = x'_1 \\ dx_1 + ey_1 + f = y'_1 \\ ax_2 + by_2 + c = x'_2 \\ dx_2 + ey_2 + f = y'_2. \end{cases}$$

Matriciellement, celui-ci s'écrit :

$$\underbrace{\begin{pmatrix} x'_0 \\ y'_0 \\ x'_1 \\ y'_1 \\ x'_2 \\ y'_2 \end{pmatrix}}_{Y} = \underbrace{\begin{pmatrix} x_0 & y_0 & 1 & 0 & 0 & 0 \\ 0 & 0 & 0 & x_0 & y_0 & 1 \\ x_1 & y_1 & 1 & 0 & 0 & 0 \\ 0 & 0 & 0 & x_1 & y_1 & 1 \\ x_2 & y_2 & 1 & 0 & 0 & 0 \\ 0 & 0 & 0 & x_2 & y_2 & 1 \end{pmatrix}}_{M} \underbrace{\begin{pmatrix} a \\ b \\ c \\ d \\ e \\ f \end{pmatrix}}_{X}$$

En échangeant des lignes de M, on obtient :

$$\det M = -\det \begin{pmatrix} x_0 & y_0 & 1 & 0 & 0 & 0 \\ x_1 & y_1 & 1 & 0 & 0 & 0 \\ x_2 & y_2 & 1 & 0 & 0 & 0 \\ 0 & 0 & 0 & x_0 & y_0 & 1 \\ 0 & 0 & 0 & x_1 & y_1 & 1 \\ 0 & 0 & 0 & x_2 & y_2 & 1 \end{pmatrix} = -\Delta^2$$

en posant :

$$\Delta = \begin{vmatrix} x_0 & y_0 & 1 \\ x_1 & y_1 & 1 \\ x_2 & y_2 & 1 \end{vmatrix}.$$

Le système (S) admet une unique solution si, et seulement si, il est de Cramer, ce qui équivaut à $\Delta \neq 0$. La condition $\Delta \neq 0$ signifie que les points A_0, A_1 et A_2 ne sont pas alignés.

5.4 Calculs astucieux

Exercice 6 *Soit n un entier supérieur ou égal à 3. Soient P_1, ..., P_n des polynômes de $\mathbb{R}[X]$ de degrés inférieurs ou égaux à $n-2$. Soient a_1, ..., a_n*

des réels arbitraires. Montrer que :

$$\begin{vmatrix} P_1(a_1) & P_1(a_2) & \cdots & P_1(a_n) \\ P_2(a_1) & P_2(a_2) & \cdots & P_2(a_n) \\ \vdots & & \ddots & \vdots \\ P_n(a_1) & P_n(a_2) & \cdots & P_n(a_n) \end{vmatrix} = 0.$$

Solution — L'espace vectoriel $\mathbb{R}_{n-2}[X]$ des polynômes de degrés $\leq n-2$ à coefficients dans $\mathbb{R}$ est de dimension $n-1$. Une famille de n polynômes de l'espace vectoriel $\mathbb{R}_{n-2}[X]$ de dimension $n-1$ est nécessairement liée. Il existe donc des réels $\lambda_1, ..., \lambda_n$ non simultanément nuls tels que $\sum_{i=1}^{n} \lambda_i P_i(X) = 0$. Par suite $\sum_{i=1}^{n} \lambda_i P_i(a_j) = 0$ pour tout $j \in [\![1, n]\!]$ et :

$$\sum_{i=1}^{n} \lambda_i (P_i(a_1), P_i(a_2), ..., P_i(a_n)) = (0, ..., 0).$$

Nous venons d'écrire une relation de dépendance non triviale entre les lignes du déterminant, ce qui prouve que ce déterminant est nul.

Exercice 7 *On considère la matrice :*

$$M = \begin{pmatrix} n & \alpha_1 + ... + \alpha_n & \cdots & \alpha_1^{n-1} + ... + \alpha_n^{n-1} \\ \alpha_1 + ... + \alpha_n & \alpha_1^2 + ... + \alpha_n^2 & \cdots & \alpha_1^n + ... + \alpha_n^n \\ \vdots & & & \vdots \\ \alpha_1^{n-1} + ... + \alpha_n^{n-1} & \alpha_1^n + ... + \alpha_n^n & & \alpha_1^{2n-2} + ... + \alpha_n^{2n-2} \end{pmatrix}$$

où $n \in \mathbb{N}^*$ et $(\alpha_1, ..., \alpha_n) \in \mathbb{C}^n$. En écrivant M comme un produit de deux matrices, calculez $\det M$.

Solution — Le terme général de M est $\sum_{s=1}^{n} \alpha_s^{i+j-2}$ (où i est l'indice des lignes, et j celui des colonnes). On peut écrire :

$$\sum_{s=1}^{n} \alpha_s^{i+j-2} = \sum_{s=1}^{n} \alpha_s^{i-1} \times \alpha_s^{j-1}$$

de sorte que $M = A\,{}^t\!A$ où $A = (\alpha_j^{i-1})_{1 \leq i,j \leq n}$. Par suite $\det M = (\det A)^2$ avec :

$$\det A = \begin{vmatrix} 1 & 1 & \cdots & 1 \\ \alpha_1 & \alpha_2 & \cdots & \alpha_n \\ \vdots & & & \vdots \\ \alpha_1^{n-1} & \alpha_2^{n-1} & & \alpha_n^{n-1} \end{vmatrix} = \prod_{1 \leq i < j \leq n} (\alpha_j - \alpha_i)$$

puisque l'on reconnaît un déterminant de Vandermonde.

Exercice 8 *Soient $a_1, \ldots, a_n \in \mathbb{C}$. On considère la matrice :*

$$A = A(a_1, \ldots, a_n) = \begin{pmatrix} 1+a_1 & 1 & \cdots & 1 \\ 1 & 1+a_2 & & \vdots \\ \vdots & & \ddots & 1 \\ 1 & \cdots & \cdots & 1+a_n \end{pmatrix}$$

dont tous les coefficients situés ailleurs que sur la diagonale principale sont égaux à 1.

a) Calculer $\det A$ lorsque deux coefficients a_i sont nuls.

b) Montrer que $\det A$ est une fonction symétrique des variables $a_1, \ldots, a_n$, autrement dit montrer que $\det A(a_1, \ldots, a_n) = \det A\left(a_{\tau(1)}, \ldots, a_{\tau(n)}\right)$ quelle que soit la transposition τ du groupe symétrique $\mathfrak{S}_n$ des permutations de $[\![1,n]\!]$.

c) Calculer $\det A$ lorsque $a_n = 0$ et $a_i \neq 0$ pour tout i distinct de n.

d) Déterminer $\det A$ lorsque $a_1 \ldots a_n \neq 0$.

Solution — a) Si deux coefficients a_i sont nuls, deux colonnes sont identiques donc $\det A = 0$.

b) Soit τ la transposition (i, j). Prenons la matrice $A\left(a_{\tau(1)}, \ldots, a_{\tau(n)}\right)$ et permutons la i-ième et la j-ième ligne, puis la i-ième et la j-ième colonne. On obtient la matrice $A(a_1, \ldots, a_n)$. Ces deux permutations ne changeront pas la valeur du déterminant, donc $\det A\left(a_{\tau(1)}, \ldots, a_{\tau(n)}\right) = \det A(a_1, \ldots, a_n)$.

c) Ici :

$$\det A(a_1, \ldots, a_n) = \begin{vmatrix} 1+a_1 & 1 & \cdots & 1 \\ 1 & 1+a_2 & & \vdots \\ \vdots & & \ddots & 1 \\ 1 & \cdots & \cdots & 1 \end{vmatrix}$$

En soustrayant la dernière colonne de chacune des $n-1$ premières colonnes de la matrice, on trouve :

$$\det A(a_1, \ldots, a_n) = \begin{vmatrix} a_1 & 0 & \cdots & 1 \\ 0 & a_2 & & \vdots \\ \vdots & & \ddots & 1 \\ 0 & \cdots & \cdots & 1 \end{vmatrix}$$

soit $\det A(a_1, \ldots, a_n) = a_1 a_2 \ldots a_{n-1}$ puisque la dernière matrice écrite est triangulaire supérieure.

d) En soustrayant l'avant-dernière colonne de la dernière :

$$\det A(a_1,...,a_n) = \begin{vmatrix} 1+a_1 & 1 & \cdots & 1 \\ 1 & 1+a_2 & & \vdots \\ \vdots & & \ddots & 1 \\ 1 & \cdots & \cdots & 1+a_n \end{vmatrix}$$

$$= \begin{vmatrix} 1+a_1 & 1 & \cdots & 1 & 0 \\ 1 & 1+a_2 & & & \vdots \\ \vdots & & \ddots & & 0 \\ \vdots & & & 1+a_{n-1} & -a_{n-1} \\ 1 & \cdots & \cdots & 1 & a_n \end{vmatrix}.$$

En développant suivant la dernière colonne :

$$\det A(a_1,...,a_n) = a_n \det A(a_1,...,a_{n-1}) + a_{n-1} \begin{vmatrix} 1+a_1 & 1 & \cdots & 1 \\ 1 & \ddots & & \vdots \\ \vdots & & 1+a_{n-2} & 1 \\ 1 & \cdots & \cdots & 1 \end{vmatrix}.$$

En utilisant la question c), on obtient :

$$\det A(a_1,...,a_n) = \det A(a_1,...,a_{n-1}).a_n + a_1...a_{n-1}$$

Continuons :

$$\det A(a_1,...,a_n) = (\det A(a_1,...,a_{n-2}).a_{n-1} + a_1...a_{n-2}).a_n + a_1...a_{n-1}$$
$$= \det A(a_1,...,a_{n-2}).a_{n-1}a_n + a_1...a_{n-2}.\widehat{a}_{n-1}.a_n + a_1...a_{n-1}\widehat{a}_n$$

où le chapeau signifie que l'élément est absent. Au bout d'un nombre fini de pas, on obtient :

$$\det A(a_1,...,a_n) = \underbrace{\det A(a_1)}_{(1+a_1)}.a_2...a_n + a_1.\widehat{a}_2...a_n + ... + a_1...a_{n-1}.\widehat{a}_n$$
$$= a_1...a_n + \widehat{a}_1 a_2...a_n + a_1.\widehat{a}_2...a_n + ... + a_1...a_{n-1}.\widehat{a}_n,$$

ce que l'on peut aussi écrire :

$$\det A(a_1,...,a_n) = a_1...a_n \left(1 + \frac{1}{a_1} + ... + \frac{1}{a_n}\right).$$

Remarque — On sait que n'importe quel polynôme symétrique en a_1, ..., a_n s'exprime comme polynôme en s_1, ..., s_n où s_i représente le i-ième polynôme symétrique élémentaire des a_1, ..., a_n. Ici $\det A(a_1,...,a_n) = s_n + s_{n-1}$.

5.5 Déterminant circulant

Exercice 9 *On considère le déterminant :*

$$D = \begin{vmatrix} a_0 & a_1 & \cdots & a_{n-1} \\ a_{n-1} & a_0 & \cdots & a_{n-2} \\ \cdots & \cdots & \cdots & \cdots \\ a_1 & a_2 & \cdots & a_0 \end{vmatrix}$$

où les $a_0, \ldots, a_{n-1}$ sont des nombres complexes distincts entre eux deux à deux.

1) D apparaît comme un polynôme $D(a_0)$ en a_0. Montrer que $D \in \mathbb{C}[a_0]$ est divisible par chacun des polynômes $P_\omega(a_0) = a_0 + a_1\omega + \ldots + a_{n-1}\omega^{n-1}$ de $\mathbb{C}[a_0]$, où ω désigne une racine complexe n-ième de l'unité.

2) En déduire la valeur de D lorsque $a_k = k+1$ quel que soit $k \in [\![0, n-1]\!]$.

Solution — Par commodité on définit a_s pour tout $s \in \mathbb{Z}$ en posant $a_s = a_r$ dès que r est le reste de la division de s par n.

1) La quantité $\Theta = \omega\omega^2 \ldots \omega^{n-1} = \omega^{\frac{(n-1)n}{2}}$ peut se calculer facilement en utilisant les relations entre coefficients et racines du polynôme $X^n - 1$, puisque le produit des racines $1, \omega, \omega^2, \ldots, \omega^{n-1}$ de ce polynôme est $\Theta = (-1)^{n+1}$. Ce calcul n'est pas indispensable pour la suite. En multipliant chacune des colonnes par une même puissance de ω, puis en recommençant avec chaque ligne, on obtient :

$$D = \frac{1}{\Theta} \begin{vmatrix} a_0 & a_1\omega & \cdots & a_{n-1}\omega^{n-1} \\ a_{n-1} & a_0\omega & \cdots & a_{n-2}\omega^{n-1} \\ \cdots & \cdots & \cdots & \cdots \\ a_1 & a_2\omega & \cdots & a_0\omega^{n-1} \end{vmatrix}$$

$$= \frac{1}{\Theta^2} \begin{vmatrix} a_0 & a_1\omega & \cdots & a_{n-1}\omega^{n-1} \\ a_{n-1}\omega^{n-1} & a_0 & \cdots & a_{n-2}(\omega^{n-1})^2 \\ \cdots & \cdots & \cdots & \cdots \\ a_1\omega & a_2\omega^2 & \cdots & a_0 \end{vmatrix}.$$

En remplaçant la première colonne par la somme de toutes les colonnes :

$$D = \begin{vmatrix} P_\omega(a_0) & a_1\omega & \cdots & a_{n-1}\omega^{n-1} \\ P_\omega(a_0) & a_0 & \cdots & a_{n-2}(\omega^{n-1})^2 \\ \cdots & \cdots & \cdots & \cdots \\ P_\omega(a_0) & a_2\omega^2 & \cdots & a_0 \end{vmatrix}$$

Il existe donc un polynôme $Q_\omega(a_0)$ tel que $D(a_0) = P_\omega(a_0) Q_\omega(a_0)$, autrement dit le polynôme du premier degré $P_\omega(a_0) \in \mathbb{C}[a_0]$ divise $D(a_0)$. On peut recommencer ce raisonnement avec n'importe qu'elle racine n-ième de l'unité ω^k à la place de ω pour constater que les n polynômes $P_1(a_0)$, $P_\omega(a_0)$, ..., $P_{\omega^{n-1}}(a_0)$ du premier degré en a_0 divisent $D(a_0)$.

Remarque — Comme $D(a_0)$ est unitaire de degré n, si l'on suppose les polynômes $P_1(a_0)$, ..., $P_{\omega^{n-1}}(a_0)$ premiers entre eux deux à deux, alors on peut conclure à :

$$D = P_1(a_0) P_\omega(a_0) ... P_{\omega^{n-1}}(a_0) \qquad (*)$$

Cela ne sera malheureusement pas toujours le cas. Un contre-exemple peut être donné pour $n = 4$, puisqu'alors :

$$a_1 + a_2 + a_3 = a_1 i + a_2 i^2 + a_3 i^3$$

avec $a_1 = i$, $a_2 = (-3/2)i + (1/2)$ et $a_3 = 2i$. Dans le cas général on peut toutefois démontrer que la formule $(*)$ reste vraie, mais en utilisant une méthode différente (voir Problème 10).

2) Si $a_k = k + 1$ alors les polynômes $P_1(a_0)$, $P_\omega(a_0)$, ..., $P_{\omega^{n-1}}(a_0)$ sont premiers entre eux deux à deux, et $(*)$ s'applique. En effet, on vérifie que :

$$P_\omega(a_0) = a_0 + a_1 \omega + ... + a_{n-1} \omega^{n-1}$$

prend n valeurs distinctes quand ω décrit l'ensemble des racines complexes n-ième de l'unité. Si $\omega = 1$, alors :

$$P_1(a_0) = a_0 + a_1 + ... + a_{n-1} = 1 + 2 + ... + n = \frac{n(n+1)}{2}.$$

Si ω est une racine complexe n-ième de l'unité différente de 1 :

$$\begin{aligned}
1 + 2\omega + ... + n\omega^{n-1} &= \left(1 + \omega + \omega^2 + ... + \omega^n\right)' \\
&= \left(\frac{\omega^{n+1} - 1}{\omega - 1}\right)' \\
&= \frac{(n+1)\omega^n(\omega - 1) - (\omega^{n+1} - 1)}{(\omega - 1)^2} \\
&= \frac{n}{\omega - 1}
\end{aligned}$$

5.5. DÉTERMINANT CIRCULANT

car $\omega^n = 1$. Toutes ces valeurs sont bien distinctes deux à deux. On peut donc appliquer $(*)$ pour obtenir :

$$D = \prod_{\omega^n=1} \left(1 + 2\omega + \dots + n\omega^{n-1}\right)$$

$$= (1+2+\dots+n) \prod_{\substack{\omega^n=1 \\ \omega \neq 1}} \frac{n}{\omega - 1} = \frac{n^2(n+1)}{2} \prod_{\substack{\omega^n=1 \\ \omega \neq 1}} \frac{1}{\omega - 1}.$$

Exercice 10 Déterminant circulant.

Soit $n \in \mathbb{N}^*$. Soient $(a_0, \dots, a_{n-1}) \in \mathbb{C}^n$ et $\omega = e^{i2\pi/n}$. On définit les matrices :

$$A = \begin{pmatrix} a_0 & a_1 & \dots & a_{n-1} \\ a_{n-1} & a_0 & \dots & a_{n-2} \\ \dots & \dots & \dots & \dots \\ a_1 & a_2 & \dots & a_0 \end{pmatrix} \quad \text{et} \quad M = \begin{pmatrix} 1 & 1 & \dots & 1 \\ 1 & \omega & \dots & \omega^{n-1} \\ \dots & \dots & \dots & \dots \\ 1 & \omega^{n-1} & \dots & \left(\omega^{n-1}\right)^{n-1} \end{pmatrix}.$$

1) On note $A = (a_{ij})$ et $M = (m_{ij})$. Par commodité, on définit a_s pour tout $s \in \mathbb{Z}$ en posant $a_s = a_r$ dès que r est le reste de la division de s par n. Exprimer les coefficients a_{ij} et m_{ij} en fonction des coefficients a_s ($s \in \mathbb{Z}$), des indices i et j, et de ω.

2) Calculer la somme :

$$\xi = \sum_{0 \leq \alpha < \beta \leq n-1} (\alpha + \beta)$$

en fonction de n. En déduire une expression de $\det M$. On admettra que :

$$\sum_{k=1}^{n} k^2 = \frac{n(n+1)(2n+1)}{6}.$$

3) Calculer M^2, puis $\det M^2$. En déduire une expression plus simple de $\det M$.

4) Calculer les coefficients des matrices AM et MAM, puis déduire une expression du déterminant circulant $\det A$.

5) Utiliser la question précédente pour donner des expressions de $\det A$ lorsque $n = 2$, 3 ou 4.

Solution — Ce problème est inspiré de l'ex. 359 p. 364 du livre de Queysanne [8] et de l'ex. 10.15 p. 371 du livre de Ramis, Deschamps, Odoux [9].

1) On a $a_{ij} = a_{j-i}$ et $m_{ij} = \omega^{(i-1)(j-1)}$.

2) • Calcul de ξ.

$$\xi = \sum_{0 \leq \alpha < \beta \leq n-1} (\alpha + \beta) = \sum_{\alpha=0}^{n-2} \left(\sum_{\beta=\alpha+1}^{n-1} (\alpha + \beta) \right)$$

$$= \sum_{\alpha=0}^{n-2} \frac{(3\alpha + n)(n - 1 - \alpha)}{2}$$

$$= \frac{1}{2} \sum_{\alpha=0}^{n-2} \left[-3\alpha^2 + (2n - 3)\alpha + n(n - 1) \right]$$

d'où :

$$2\xi = -3 \sum_{\alpha=0}^{n-2} \alpha^2 + (2n - 3) \sum_{\alpha=0}^{n-2} \alpha + n(n-1) \sum_{\alpha=0}^{n-2} 1$$

$$= -3 \frac{(n-2)(n-1)(2n-3)}{6} + (2n-3) \frac{(n-2)(n-1)}{2} + n(n-1)^2$$

$$= n(n-1)^2$$

et finalement :

$$\xi = \frac{n(n-1)^2}{2}.$$

• On peut calculer $\det M$ en appliquant la formule du déterminant de Vandermonde. On obtient :

$$\det M = \prod_{0 \leq \alpha < \beta \leq n-1} \left(\omega^\beta - \omega^\alpha \right) = \prod_{0 \leq \alpha < \beta \leq n-1} \left(e^{i\frac{2\pi}{n}\beta} - e^{i\frac{2\pi}{n}\alpha} \right)$$

$$= \prod_{0 \leq \alpha < \beta \leq n-1} e^{i\frac{2\pi}{n}\alpha} \left(e^{i\frac{2\pi}{n}(\beta-\alpha)} - 1 \right)$$

$$= \prod_{0 \leq \alpha < \beta \leq n-1} e^{i\frac{2\pi}{n}\left(\alpha + \frac{\beta-\alpha}{2}\right)} \left(e^{i\frac{2\pi}{n}\frac{(\beta-\alpha)}{2}} - e^{-i\frac{2\pi}{n}\frac{(\beta-\alpha)}{2}} \right)$$

$$= e^{i\frac{\pi}{n} \sum_{\alpha<\beta}(\alpha+\beta)} \prod_{0 \leq \alpha < \beta \leq n-1} \left(2i \sin \frac{\pi(\beta - \alpha)}{n} \right)$$

$$= e^{i\frac{\pi(n-1)^2}{2}} (2i)^{\frac{n(n-1)}{2}} \prod_{0 \leq \alpha < \beta \leq n-1} \sin \frac{\pi(\beta - \alpha)}{n}$$

$$= 2^{\frac{n(n-1)}{2}} i^{(n-1)^2 + \frac{n(n-1)}{2}} \prod_{0 \leq \alpha < \beta \leq n-1} \sin \frac{\pi(\beta - \alpha)}{n},$$

5.5. DÉTERMINANT CIRCULANT

soit :
$$\det M = 2^{\frac{n(n-1)}{2}} i^{\frac{(n-1)(3n-2)}{2}} \prod_{0 \leq \alpha < \beta \leq n-1} \sin \frac{\pi(\beta - \alpha)}{n}. \quad (1)$$

3) • Calcul de M^2. On a $M^2 = (b_{ij})$ avec :

$$b_{ij} = \sum_{k=1}^{n} m_{ik} m_{kj} = \sum_{k=1}^{n} \omega^{(i-1)(k-1)} \omega^{(k-1)(j-1)}$$

$$= \sum_{k=1}^{n} \left(\omega^{i+j-2}\right)^{k-1} = \begin{cases} n \text{ si } \omega^{i+j-2} = 1, \\ 0 \text{ sinon.} \end{cases}$$

On a :

$$\omega^{i+j-2} = 1 \iff n \mid (i+j-2)$$
$$\iff i+j-2 = 0 \text{ ou } n$$
$$\iff (i,j) = (1,1) \text{ ou } i = 2 - j + n$$

donc :

$$M^2 = \begin{pmatrix} n & 0 & \ldots & 0 \\ 0 & \ldots & \ldots & n \\ \ldots & \ldots & \ldots & \ldots \\ 0 & n & \ldots & 0 \end{pmatrix}.$$

• Calcul de $\det M^2$.

$$\det M^2 = n \begin{vmatrix} 0 & \ldots & n \\ \ldots & \ldots & \ldots \\ n & \ldots & 0 \end{vmatrix}$$
$$= n \left[(-1)^n n\right] \left[(-1)^{n-1} n\right] \ldots \left[(-1)^2 n\right] n$$
$$= (-1)^{n+(n-1)+\ldots+3+2} n^n$$
$$= (-1)^{\frac{(n+2)(n-1)}{2}} n^n. \quad (2)$$

• La formule (2) montre que $\left|\det M^2\right| = n^n$ donc que $\det M$ est un nombre complexe de module $|\det M| = n^{n/2}$. La formule (1) s'écrit :

$$\det M = \zeta i^{\frac{(n-1)(3n-2)}{2}}$$

avec $\zeta \in \mathbb{R}_+^*$ puisque tous les sinus qui interviennent dans (1) sont positifs. On peut donc affirmer que $\zeta = n^{n/2}$ et :

$$\det M = n^{\frac{n}{2}} i^{\frac{(n-1)(3n-2)}{2}}.$$

4) • Posons $AM = (c_{ij})$. On a :

$$c_{ij} = \sum_{k=1}^{n} a_{ik} m_{kj} = \sum_{k=1}^{n} a_{k-i} \omega^{(k-1)(j-1)} = \sum_{k'=1-i}^{n-i} a_{k'} \omega^{(k'+i-1)(j-1)}$$

$$= \omega^{(i-1)(j-1)} \sum_{k=1-i}^{n-i} a_k \omega^{k(j-1)} = \omega^{(i-1)(j-1)} \sum_{k=0}^{n-1} a_k \omega^{k(j-1)}$$

puisque $a_k = a_r$ et $\omega^{k(j-1)} = \omega^{r(j-1)}$ dès que $k \equiv r\ (n)$.

• Posons $MAM = (d_{ij})$. On a :

$$d_{ij} = \sum_{k=1}^{n} m_{ik} c_{kj} = \sum_{k=1}^{n} \omega^{(i-1)(k-1)} \left(\omega^{(k-1)(j-1)} \sum_{l=0}^{n-1} a_l \omega^{l(j-1)} \right)$$

$$= \sum_{l=0}^{n-1} a_l \omega^{l(j-1)} \times \sum_{k=1}^{n} \omega^{(k-1)(i+j-2)} = \left[\sum_{l=0}^{n-1} \left(a_l \omega^{l(j-1)} \right) \right] b_{ij}.$$

• Le calcul précédent montre que les colonnes de MAM sont des multiples des colonnes de M^2. On en déduit :

$$\det(MAM) = \prod_{j=1}^{n} \left(\sum_{l=0}^{n-1} \left(a_l \omega^{l(j-1)} \right) \right) \times \det(M^2)$$

soit :

$$\det A = \prod_{j=1}^{n} \left(\sum_{l=0}^{n-1} \left(a_l \omega^{l(j-1)} \right) \right).$$

5) Pour $n = 2$, 3 ou 4, on obtient :

$$\det A = \begin{vmatrix} a_0 & a_1 \\ a_1 & a_0 \end{vmatrix} = (a_0 + a_1)(a_0 - a_1),$$

$$\det A = \begin{vmatrix} a_0 & a_1 & a_2 \\ a_2 & a_0 & a_1 \\ a_1 & a_2 & a_0 \end{vmatrix} = (a_0 + a_1 + a_2)(a_0 + ja_1 + j^2 a_2)(a_0 + j^2 a_1 + ja_2),$$

5.6. DÉTERMINANT DE CAUCHY

$$\det A = \begin{vmatrix} a_0 & a_1 & a_2 & a_3 \\ a_3 & a_0 & a_1 & a_2 \\ a_2 & a_3 & a_0 & a_1 \\ a_1 & a_2 & a_3 & a_0 \end{vmatrix}$$
$$= (a_0 + a_1 + a_2 + a_4) \times (a_0 + ia_1 + i^2 a_2 + i^3 a_3) \times$$
$$(a_0 - a_1 + a_2 - a_4) \times (a_0 + i^3 a_1 + i^6 a_2 + i^9 a_3)$$
$$= (a_0 + a_1 + a_2 + a_4) \times (a_0 + ia_1 - a_2 - ia_3) \times$$
$$(a_0 - a_1 + a_2 - a_4) \times (a_0 - ia_1 - a_2 + ia_3).$$

5.6 Déterminant de Cauchy

Exercice 11 *Soient $a_1, ..., a_n, b_1, ..., b_n \in \mathbb{C}$ ($n \geq 2$) tels que $a_i + b_j \neq 0$ pour tout (i,j). Pour $k \in \{1, ..., n\}$ on définit le déterminant de Cauchy :*

$$D_k = \det \left(\left(\frac{1}{a_i + b_j} \right)_{1 \leq i,j \leq k} \right).$$

1) Calculer D_n quand les scalaires a_i (ou b_j) ne sont pas distincts.

2) On suppose les a_i (et les b_j) distincts deux à deux. On définit la fraction rationnelle :

$$F(X) = \begin{vmatrix} \dfrac{1}{a_1 + b_1} & \cdots & \dfrac{1}{a_1 + b_{n-1}} & \dfrac{1}{a_1 + X} \\ \vdots & & \vdots & \vdots \\ \vdots & & \vdots & \vdots \\ \dfrac{1}{a_n + b_1} & \cdots & \dfrac{1}{a_n + b_{n-1}} & \dfrac{1}{a_n + X} \end{vmatrix} = \frac{N(X)}{D(X)}$$

où N et D sont des polynômes, et D est unitaire de degré n. Montrer qu'il existe $\lambda \in \mathbb{C}$ tel que $N(X) = \lambda \prod_{i=1}^{n-1}(X - b_i)$, puis exprimer λ en fonction de $D_{n-1}, a_1, ..., a_n, b_1, ..., b_{n-1}$. En remarquant que $D_n = F(b_n)$, déterminer D_n en fonction de D_{n-1}.

3) Montrer par récurrence que $D_n = \displaystyle\prod_{1 \leq i < j \leq n} \frac{(a_j - a_i)(b_j - b_i)}{(a_j + b_i)(a_i + b_j)} \prod_{i=1}^{n} \frac{1}{a_i + b_i}.$

Solution — 1) Si les scalaires a_i (ou b_j) ne sont pas distincts, deux lignes (ou deux colonnes) de D_k sont identiques, donc $D_k = 0$.

2) • En développant le déterminant suivant la dernière colonne, on constate qu'il existe des complexes A_i tels que :

$$F(X) = \sum_{i=1}^{n} \frac{A_i}{a_i + X}.$$

Les pôles de $F(X)$ sont donc égaux à $-a_1$, ..., $-a_n$. Les coefficients A_i sont des déterminants de Cauchy associés à certains coefficients. On remarque que la partie polaire relative au pôle $-a_n$ est D_{n-1}.

En réduisant au même dénominateur, on obtient $F(X) = \frac{N(X)}{D(X)}$ avec :

$$D(X) = (a_1 + X)...(a_n + X).$$

$N(X)$ est un polynôme de degré $\leq n-1$ qui admet b_1, ..., b_{n-1} comme racines distincts (en effet $F(b_i)$ est nul dès que $1 \leq i \leq n - 1$ puisqu'alors deux colonnes du déterminant $F(b_i)$ sont identiques), donc il existe $\lambda \in \mathbb{C}$ tel que $N(X) = \lambda \prod_{i=1}^{n-1}(X - b_i)$.

• On a :

$$F(X) = \frac{N(X)}{D(X)} = \frac{\lambda \prod_{i=1}^{n-1}(X - b_i)}{(a_1 + X)...(a_n + X)} \quad (1)$$

donc :

$$F(X) \times (a_1 + X)...(a_n + X) = \lambda \prod_{i=1}^{n-1}(X - b_i). \quad (2)$$

Posons $G(X) = F(X) \times (a_1 + X)...(a_n + X)$. On a :

$$G(X) = \begin{vmatrix} \dfrac{1}{a_1+b_1} & \cdots & \dfrac{1}{a_1+b_{n-1}} & \widehat{(a_1+X)}...(a_n+X) \\ \vdots & & \vdots & \vdots \\ \dfrac{1}{a_i+b_1} & & \dfrac{1}{a_i+b_{n-1}} & (a_1+X)...\widehat{(a_i+X)}...(a_n+X) \\ \vdots & & \vdots & \vdots \\ \dfrac{1}{a_n+b_1} & \cdots & \dfrac{1}{a_n+b_{n-1}} & (a_1+X)...\widehat{(a_n+X)} \end{vmatrix}$$

où le chapeau montre un élément absent du produit. En faisant $X = -a_n$ dans $G(X)$, toute la dernière colonne du déterminant s'annule à l'exception du dernier terme qui vaut $(a_1 - a_n)...(a_{n-1} - a_n)$, et il suffit de développer le déterminant suivant cette dernière colonne pour obtenir :

$$G(-a_n) = D_{n-1} \times (a_1 - a_n)...(a_{n-1} - a_n).$$

5.6. DÉTERMINANT DE CAUCHY

En remplaçant dans (2) :

$$D_{n-1} \prod_{i=1}^{n-1}(a_i - a_n) = \lambda \prod_{i=1}^{n-1}(-a_n - b_i)$$

d'où :

$$\lambda = \frac{\prod_{i=1}^{n-1}(a_n - a_i)}{\prod_{i=1}^{n-1}(a_n + b_i)} D_{n-1}.$$

- En remplaçant λ par sa valeur dans (1), on trouve :

$$D_n = F(b_n) = \frac{\prod_{i=1}^{n-1}(a_n - a_i) \prod_{i=1}^{n-1}(b_n - b_i)}{\prod_{i=1}^{n-1}(a_n + b_i) \prod_{i=1}^{n-1}(a_i + b_n)} \cdot \frac{1}{a_n + b_n} D_{n-1}. \quad (3)$$

- La formule proposée est triviale si les scalaires a_i (ou b_j) ne sont pas distincts. Dans le cas contraire, on raisonne par récurrence. La formule est vraie si $n = 2$ car :

$$\begin{aligned}
D_2 &= \begin{vmatrix} \dfrac{1}{a_1 + b_1} & \dfrac{1}{a_1 + b_2} \\ \dfrac{1}{a_2 + b_1} & \dfrac{1}{a_2 + b_2} \end{vmatrix} = \frac{1}{a_1 + b_1} \frac{1}{a_2 + b_2} - \frac{1}{a_2 + b_1} \frac{1}{a_1 + b_2} \\
&= \left(1 - \frac{(a_1 + b_1)(a_2 + b_2)}{(a_2 + b_1)(a_1 + b_2)}\right) \times \frac{1}{a_1 + b_1} \frac{1}{a_2 + b_2} \\
&= \frac{(a_2 - a_1)(b_2 - b_1)}{(a_2 + b_1)(a_1 + b_2)} \times \frac{1}{a_1 + b_1} \frac{1}{a_2 + b_2}.
\end{aligned}$$

Si la formule est vraie au rang $n - 1$, la relation (3) montre qu'elle est encore vraie au rang n. D'où le résultat.

Bibliographie

[1] D. Lingrand, Introduction au traitement d'images, Vuibert, 2004.

[2] D.-J. Mercier, Dossiers mathématiques n°2, Dualité en algèbre linéaire, CSIPP, 2013.

[3] D.-J. Mercier, Dossiers mathématiques n°4, Introduction à l'algèbre linéaire, CSIPP, 2013.

[4] D.-J. Mercier, Acquisition des fondamentaux pour les concours, Vol. I : 540 questions sur les nombres, l'algèbre, l'arithmétique et les polynômes, Publibook, 2013.

[5] D.-J. Mercier, Acquisition des fondamentaux pour les concours, Vol. II : Algèbre linéaire, CSIPP, à paraître.

[6] D.-J. Mercier, Acquisition des fondamentaux pour les concours, Vol. III : Rudiments de topologie, Espaces euclidiens et hermitiens, CSIPP, à paraître.

[7] D.-J. Mercier, Exercices et problèmes de mathématiques pour le CAPES et l'agrégation interne, CSIPP, Millésime 2016, à paraître.

[8] M. Queysanne, Algèbre, collection U, Armand Colin, 1971.

[9] E. Ramis, C. Deschamps, J. Odoux, Cours de Mathématiques Spéciales, Volume 1, Algèbre, Masson, 1989.

Autres publications de Dany-Jack Mercier

Pour obtenir des informations sur ces ouvrages, il suffit de se connecter sur *MégaMaths* http ://megamaths.perso.neuf.fr/, faire une recherche sur *Amazon.fr*, ou visualiser des extraits sur *Google livres*. Vous pouvez aussi écrire à dany-jack.mercier@hotmail.fr.

ANNALES – S'entraîner sur des annales réelles de concours de CAPES, de CAPLP ou d'agrégation interne corrigées avec soin est toujours conseillé pour rentrer dans le vif du sujet et réaliser rapidement des progrès. Jean-Etienne Rombaldi et moi-même proposons de nombreuses annales depuis 1999.

COURS – Réviser le cours et revoir ses fondamentaux est salvateur, surtout quand ce cours donne les moyens de comprendre en s'attachant à l'essentiel. Trois volumes parus :
- Cours de Géométrie, préparation au CAPES et à l'agrégation.
- Fondamentaux d'algèbre & d'arithmétique.
- Fondamentaux de géométrie.

DOSSIERS MATHEMATIQUES – Chaque fascicule de cette collection précise les connaissances de base sur un thème donné pour faire rapidement le point. Déjà parus :
- DM 1 - Méthode des moindres carrés.
- DM 2 - Dualité en algèbre linéaire.
- DM 3 - Probabilités.
- DM 4 - Introduction à l'algèbre linéaire.
- DM 5 - Déterminants et systèmes linéaires.
- DM 6 - Les grands théorèmes de l'analyse.

EXERCICES & PROBLEMES – Des exercices et des problèmes choisis permettent de se mettre à l'épreuve dans des situations variées sans pour autant travailler de longs problèmes d'annales. Ces livres contiennent des extraits de problèmes d'examens ou de concours retenus pour leur intérêt pédagogique.
- Fonctions de plusieurs variables réelles.
- Exercices pour le CAPES mathématiques et l'agrég. interne, vol. I et II.
- Recueil d'ex. et de problèmes d'algèbre, d'arithmétique et de géométrie.
- Ex. et problèmes de math. pour le CAPES et l'agrégation interne, 2013.

ACQUISITION DES FONDAMENTAUX – Cette collection permet de travailler sur une multitude de questions courtes extraites d'écrits et d'oraux de CAPES, CAPLP et agrégations internes, sur lesquelles il convient de savoir réagir efficacement. Les questions posées permettent de s'assurer que l'on connaît les points cruciaux du cours pour être capable de les expliquer et les réutiliser à l'écrit comme à l'oral. Les volumes I (nombres, algèbre, arithmétique, polynômes), IV (géométrie affine et euclidienne) et VI (analyse, intégration et géométrie) sont parus.

ENTRAINEMENTS CLES EN MAIN – Ces ouvrages permettent une révision équilibrée et rapide. Ils contiennent des questions tirées des livres de la collection *Acquisition des fondamentaux* parus ou à paraître, et sont souvent complétés par des problèmes.

PREPARATION A L'ORAL – Pour préparer ou approfondir des leçons d'oral ou pour s'entraîner à répondre au jury :
- Questions du jury d'oral du CAPES math. & réflexions sur la préparation.
- Oral 1 du CAPES maths - Plans et approf. de 5 leçons de la liste 2013.
- CAPES/AGREG Maths - Préparation intensive à l'entretien (offert).
- Oral 1 du CAPES MATHS - Pistes et commentaires (offert).

NB : les quatre volumes de la collection *L'épreuve d'exposé au CAPES mathématiques* ne correspondent plus à la réalité de l'épreuve à partir de la session 2011, mais proposent des développements de cours et des questions du jury utiles aux candidats à l'agrégation interne.

LECTURES – Des ouvrages faciles à lire sur des thèmes variés qui intéressent souvent les concours, mais pas seulement :
- Comment apprendre les fondamentaux de math. pour les concours ?
- Cahiers de mathématiques du supérieur, vol. I.
- Brèves de mathématiques.
- Revue LMEC : quatre volumes.

REFLEXIONS SUR L'ENSEIGNEMENT – Comment ne pas être choqué par l'évolution de l'enseignement des mathématiques et la part dévolue aux sciences au lycée ?
- Délires & tendances dans l'E.N., filières scientifiques en péril.
- L'enseignement dans le chaos des réformes et des attentes.

www.ingramcontent.com/pod-product-compliance
Lightning Source LLC
Chambersburg PA
CBHW080303180526
45167CB00006B/2652